U0180861

装配式建筑
PC构件智能产线运行与管理

ZHUANGPEISHI JIANZHU PC GOUJIAN ZHINENG CHANXIAN YUNXING YU GUANLI

何 超　刘 佳　沈云峰　陈亚娟
　　　　　　　　　　　　　　　　编著
周福亮　王颖佳　李姗姗　王 靖

重庆大学出版社

内容提要

本书主要围绕装配式建筑 PC 构件智能产线运行与管理进行编写,内容共分为 6 章,分别为概述、装配式建筑 PC 构件生产工艺流程及产品质量标准、装配式建筑 PC 构件生产线机械设备、装配式建筑 PC 构件智能产线控制系统、装配式建筑 PC 构件智能产线生产管理,以及装配式建筑生产 MES 系统管理。

本书可作为相关从业人员岗位培训教材,也可作为高等院校装配式技术及相关专业教材,还可作为相关工程技术人员的工作参考用书。

图书在版编目(CIP)数据

装配式建筑 PC 构件智能产线运行与管理／何超等编著
. -- 重庆:重庆大学出版社,2022.5
ISBN 978-7-5689-3134-2

Ⅰ.①装… Ⅱ.①何… Ⅲ.①装配式构件—生产线—研究 Ⅳ.①TU3

中国版本图书馆 CIP 数据核字(2022)第 062245 号

装配式建筑 PC 构件智能产线运行与管理

何　超　刘　佳　沈云峰　陈亚娟
周福亮　王颖佳　李姗姗　王　靖　编著

策划编辑:林青山

责任编辑:陈　力　　版式设计:林青山
责任校对:王　倩　　责任印制:赵　晟

*

重庆大学出版社出版发行
出版人:饶帮华
社址:重庆市沙坪坝区大学城西路 21 号
邮编:401331
电话:(023)88617190　88617185(中小学)
传真:(023)88617186　88617166
网址:http://www.cqup.com.cn
邮箱:fxk@ cqup.com.cn(营销中心)
全国新华书店经销
重庆升光电力印务有限公司印刷

*

开本:889mm×1194mm　1/16　印张:11.25　字数:366 千
2023 年 1 月第 1 版　　2023 年 1 月第 1 次印刷
ISBN 978-7-5689-3134-2　定价:49.00 元

前　言

Preface

随着建筑业转型升级的不断深入，按照大工业生产方式改造建筑业，使之逐步从手工业生产转向社会化大生产已迫在眉睫。因此，相关部门提出了以建筑标准化、构件生产工厂化、施工机械化和组织管理科学化为路径的建筑工业化，以提高建筑业的劳动生产率，加快建设速度，降低工程成本，提高工程质量。2020年7月，住房和城乡建设部联合科学技术部、工业和信息化部等十三个部门联合印发的《关于推动智能建造与建筑工业化协调发展的指导意见》提出，要围绕建筑业高质量发展总体目标，大力发展以建筑工业化为载体，以数字化、智能化升级为动力，形成涵盖科研、设计、生产加工、施工装配、运营等全产业链融合一体的智能建筑产业体系。

装配式建筑构件生产工厂化是建筑工业化的关键环节。为了实现生产过程的智能化，重庆市科委通过重庆市技术创新与应用示范专项（cstc2018jszx-cyzdX0512）重大项目，对装配式建筑智能化生产研究予以支持。经过3年的研究，我们完成了项目的研究工作，并在研究过程中开展了"装配式建筑PC构件智能产线运行与管理"项目培训。本书就是在培训过程中，吸收项目研究成果形成的，内容主要包括概述、装配式建筑PC构件生产工艺流程及产品质量标准、装配式建筑PC构件生产线机械设备、装配式建筑PC构件智能产线控制系统、装配式建筑PC构件智能产线生产管理，以及装配式建筑生产MES系统管理等6个部分。装配式建筑智能产线虚拟现实运用系统部分，因其产品不够成熟，故暂时没有纳入本书。

本书的第1章由王靖、王颖佳执笔，第2章由李姗姗、王颖佳执笔，第3章由陈亚娟执笔，第4章由沈云峰、何超执笔，第5章由刘佳执笔，第6章由周福亮执笔。全书由何超统稿、审定，刘佳对专有名词进行了勘定，沈云峰前期做了文字汇总工作。

在本书的编写过程中，我们听取了企业专家的意见，同时参与该项目研究的华数机器人、重庆邮电大学团队的研究成果，也为本书提供了研究支持，在此向他们表示衷心感谢！

装配式建筑构件生产工厂化是近年来兴起的新事物，各种技术发展并不成熟，很多方面仍在探索、完善过程中，特别是本书涉及的装配式建筑构件生产工艺过程、质量控制过程、离散式生产控制及管理等，目前还没有成熟的经验。虽本书率先进行探索，但因作者的水平有限，编写组更是一个跨学科的合作，书中的疏漏之处在所难免，敬请读者谅解。

何　超

2021年6月28日

目 录

Contents

第1章 概　述

1.1　装配式建筑概述

1.1.1　装配式建筑的概念

装配式建筑是指把传统建造方式中的大量现场作业工作转移到工厂进行,在工厂加工制作好建筑用构件和配件(如楼板、墙板、楼梯、阳台等),然后运输到建筑施工现场,通过可靠的连接方式在现场装配安装而成的建筑。形象地说,装配式建筑类似于"搭积木",把梁、柱、墙板、楼板、阳台、楼梯等部品部件,也就是"积木"在工厂里预先生产好,运到工地后吊装、组合、安装、连接即可。

装配式建筑是建筑工业化中最重要的生产方式之一,采用标准化设计、工厂化生产、装配化施工、信息化管理、智能化应用。它具有提高建筑质量、缩短工期、节约能源、减少消耗、清洁生产等诸多优点。传统建筑生产方式,是将设计与建造环节分开,设计环节仅从目标建筑体及结构的设计角度出发,而后将所需建材运送至目的地,进行露天施工,完工交底验收的方式;而建筑工业化生产方式是设计施工一体化的生产方式,即从标准化的设计到构配件的工厂化生产,再到现场进行装配的过程。

建筑传统生产方式与建筑工业化生产方式的区别见表1.1。

表1.1　建筑传统生产方式与建筑工业化生产方式的区别

阶　段	建筑传统生产方式	建筑工业化生产方式
设计	不注重一体化设计 设计与施工相脱节	标准化、一体化设计 信息化技术协同设计 设计与施工紧密结合
施工	现场以湿作业和手工操作为主 工人技术水平参差不齐 施工队伍专业化程度低	设计施工一体化 构件生产工厂化 现场施工装配化 施工队伍专业化
装修	以毛坯房为主 采用二次装修	装修与建筑设计同步 装修与主体结构一体化
验收	竣工分部、分项抽检	全过程质量检验、验收
管理	以包代管 依赖农民工劳务市场分包 追求设计与施工各自的效益	工程总承包管理模式 全过程的信息化管理 项目整体效益最大化

1.1.2　装配式建筑的发展

1)国外装配式建筑的发展历程

国外混凝土预制件与钢筋混凝土几乎同时起步,而现代意义上的工业化混凝土预制件制造在半个世纪前才得以真正发展,预制件真正取得了突破性发展是在第二次世界大战之后。

（1）第一阶段（1945—1960 年）

战争的破坏、城市化发展以及难民和无家可归者的涌入,使得欧洲国家住宅极度短缺,这为混凝土预制件的发展提供了发展契机。在这一时期,法国、丹麦等西欧国家出现了各种类型的大板住宅建筑体系,如 Cauus 体系、Larsena & Nielsen 体系等。这种体系可采用框架体系和非框架体系,主体结构构件有混凝土预制楼板和墙板。大板住宅建筑体系在德国也得到了广泛应用,个别小型厂房采用板式结构,用 T 形板组装而成,墙板、楼板的宽度均为 1.5 m,楼板跨度为 15 m。在美国、日本以及北欧国家出现了预制盒子结构。这种盒子结构是六面体预制件,即把一个房间连同设备装修等,按照定型模式,在工厂中按照盒子形式完全制作好,然后在现场吊装完毕。按照建筑构造可分为骨架结构盒子、薄壁盒子。

（2）第二阶段（1960—1973 年）

随着人们生活水平的提高,欧美人对住宅舒适度的要求也越来越高。同时,由于通货膨胀致使房地产领域的资金抽逃,建筑工人的短缺进一步促进了建筑构件的机械化生产,这也成为预制装配式建筑突破的又一原因。这一时期,除住宅建设外,中小学校以及大学的广泛建设,使得柱子、支撑以及大跨度的楼板（7.2 m/8.4 m）在框架结构体系的运用中逐渐成熟。工业厂房以及体育场馆的建设使得预制柱、预应力 I 型桁架、桁条和棚顶得到了应用。

（3）第三阶段（1973 年后）

住宅建设在欧美市场遭遇了严重的危机,这一方面要归结于建筑市场的饱和;另一方面要归咎于当时的高利率,其直接导致了多户住宅建设的停滞。

当时中东石油出口国建筑市场的需求给欧洲建筑商提供了一个绝佳的喘息机会。大量的住宅、学校以及政府办公楼的建设为中东地区预制件建筑开辟了新纪元。但是好景不长,第三次石油危机再一次打乱了这个行业的发展步伐。

当时的预制件厂大都经历了产能无法得到充分释放或关门的阵痛。这也给整个行业提供了一次思考预制件未来的绝好机会。约在 20 世纪 80 年代,一些企业和院校,比如德国的 FILIGRAN 公司发明了钢筋桁架式叠合楼板。钢筋桁架式叠合楼板的性能和特征结合了新的时代特点,完美结合了全预制和现浇两者的优点,使得其在住宅和公共建筑中得到大量推广,尤其是在欧洲地区。之后,日本企业从 20 世纪 80 年代开始相继引入该系统,钢筋桁架式的叠合楼板至今仍被日本广泛应用。

2）我国装配式建筑的发展历程

我国预制件生产应用已有近 60 多年历史,在这 60 多年里,经历了一波三折式的发展历程。

第一阶段:从 20 世纪 50 年代起,我国处于经济恢复和国民经济的第一个五年计划时期。在苏联建筑工业化的影响下,我国建筑行业开始走预制装配式发展道路。这一时期的主要预制件有柱、吊车梁、屋面梁、屋面板、天窗架等。除屋面板及一些小型吊车梁、小跨度屋架外,大多是现场预制,即使工厂预制,也往往由现场建立的临时性预制场预制,预制作业仍然是施工企业的一部分。

第二阶段:20 世纪 60 年代末 70 年代初,随着中小预应力构件的发展,城乡出现了大批预制件厂。用于民用建筑的空心板、平板、檩条、挂瓦板;用于工业建筑的屋面板、F 形板、槽形板以及工业与民用建筑均可采用的 V 形折板、马鞍形板等成为这些构件厂的主要产品。

第三阶段:20 世纪 70 年代中期,在政府的大力提倡下,我国建起了大批混凝土大板厂和框架轻板厂,掀起了预制件厂发展的热潮。到了 80 年代中期,我国城乡已建立起了数万个规模不同的预制件厂,我国构件行业发展达到了巅峰。在此阶段,主要的预制件有以下种类。民用建筑构件:外墙板、预应力大楼板、预应力圆孔板、预制混凝土阳台等;工业建筑构件:吊车梁、预制柱、预应力屋架、屋面板、屋面梁等;从技术上看,我国预制件的生产从以手工为主到机械搅拌、机械成型再到工厂的机械化程度很高的流水线生产,经历了一个由低到高的发展过程。

第四阶段:20 世纪 90 年代以来,构件企业无利可图,城市的预制件厂大多已到了无法维持的地步,民用建筑上的小构件已让位给乡镇小构件厂生产。与此同时,某些乡镇企业生产的劣质空心板又充斥了建筑市场,进一步影响了预制件行业的形象。1999 年初以来,一些城市相继下令禁止使用预制空心楼板,一律改用现浇混凝土结构,预制件行业已到了生死存亡的关头。

进入21世纪,人们开始逐渐发现现浇结构体系已经不再完全符合时代的发展要求。对于我国日益发展的建筑市场,现浇结构体系所存在的弊端已趋于明显化。面对这些问题,结合国外的住宅产业化成功经验,国家推进"建筑工业化""住宅产业化"等政策,装配式建筑相关标准、规范、规程逐步完善,传统预制件生产被规模化、标准化、智能化的装配式建筑构件生产所取代。

近年来,在政府部门相关政策的引导下,建筑工业化发展形势较好。这也使得各集团、企业、公司、学校、科研机构等增加了对装配式建筑构件研究的热情,经过多年研究,已取得了一定成果。

1.1.3 装配式建筑的分类

装配式建筑按结构材料可分为装配式混凝土结构、装配式钢结构和装配式木结构3类。

1)装配式混凝土结构

装配式混凝土结构(Prefabricated Concrete Structure,PC)是由预制混凝土构件通过可靠的连接方式装配而成的混凝土结构。

常见的装配式混凝土结构体系主要有以下几种:

(1)装配整体式混凝土剪力墙结构体系(全装配剪力墙结构体系)

装配整体式混凝土剪力墙结构的特点是尽可能多地采用预制构件。结构体系中的竖向承重构件剪力墙采用预制方式,水平结构构件采用叠合梁和叠合楼板形式。同时,内隔墙、楼梯、阳台板及外墙挂板或三明治夹芯保温外墙板等都采用预制混凝土构件,如图1.1所示。

图1.1 装配整体式混凝土剪力墙(全装配)结构体系

(2)装配整体式混凝土框架结构体系(全装配框架结构体系)

装配整体式混凝土框架结构的特点是尽可能多地采用预制构件。结构体系中的竖向承重构件柱采用预制方式,水平结构构件采用叠合梁和叠合楼板形式。同时,内隔墙、楼梯、阳台板及外墙挂板或三明治夹芯保温外墙板等都采用预制混凝土构件,如图1.2所示。

图1.2 装配整体式混凝土框架结构体系

(3)现浇混凝土剪力墙外挂预制混凝土墙板体系(内浇外挂式剪力墙体系)

内浇外挂式剪力墙体系中竖向承重构件剪力墙采用现浇方式,水平结构构件采用叠合梁和叠合楼板形式。同时,内隔墙、楼梯、阳台板及外墙挂板或三明治夹芯保温外墙板等都可采用预制混凝土构件。预制混凝土外墙挂板设计为非结构构件,施工中利用其为围护墙体,以作为竖向现浇构件的外模板,如图 1.3 所示。

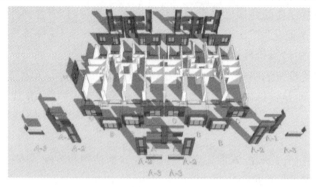

图 1.3　内浇外挂式剪力墙体系

(4)现浇混凝土框架外挂预制混凝土墙板体系(内浇外挂式框架体系)

内浇外挂式框架体系中竖向承重构件框架柱采用现浇方式,水平结构构件采用叠合梁和叠合楼板形式。同时,内隔墙、楼梯、阳台板及外墙挂板或三明治夹芯保温外墙板等都可采用预制混凝土构件,如图 1.4 所示。

图 1.4　预制外墙板

(5)双面叠合剪力墙体系

双面叠合剪力墙体系中竖向承重构件剪力墙采用两层带桁架钢筋的预制墙板,现场安装就位后在两层板中间浇筑混凝土,再辅以必要的现浇边缘构件。同时,内隔墙、楼梯、阳台板及外墙挂板或三明治夹芯保温外墙板等都可采用预制混凝土构件,如图 1.5 所示。

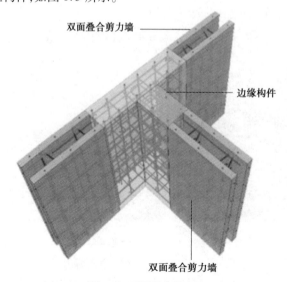

图 1.5　双面叠合剪力墙

2）装配式钢结构

装配式钢结构是指建筑的结构系统由钢（构）件构成的装配式建筑。

常见的装配式钢结构体系如下所述。

（1）钢框架结构体系

钢框架结构主要应用于办公建筑、居住建筑、教学楼、医院、商场、停车场等需要大空间和相对灵活的室内布局的多高层建筑。钢框架结构体系可分为半钢接框架和全钢接框架，可以采用较大的柱距并获得较大的使用空间，但由于缺少剪力墙，抗侧力刚度较小，在水平方向荷载作用（地震作用、风荷载作用）下产生的变形较大，因此使用高度受到一定限制，如图1.6所示。

（2）钢框架-支撑结构体系

对于高层建筑，由于风荷载和地震作用较大，使得梁柱等构件尺寸也相应增大，失去了经济合理性，此时可在部分框架柱之间设置支撑，构成钢框架-支撑结构。钢框架-支撑结构在水平荷载作用下，通过楼板的变形协调，由框架和支撑形成双重抗侧力结构体系，可分为中心支撑框架、偏心支撑框架和屈曲约束支撑框架，如图1.7所示。

图1.6 钢框架结构体系

图1.7 钢框架-支撑结构体系

（3）钢框架-延性墙板结构体系

钢框架-延性墙板结构具有良好的延性，适合用于抗震要求较高的高层建筑中。延性墙板是一个笼统的概念，包括多种形式，归纳起来主要有钢板剪力墙结构、内填RC剪力墙结构等，如图1.8所示。

（4）交错桁架结构体系

交错桁架结构体系也称错列桁架结构体系，主要适用于中高层住宅、宾馆、公寓、办公楼、医院、学校等平面为矩形或由矩形组成的钢结构房屋，并将空间结构与高层结构有机地结合起来，能够在高层结构中获得300～400 m² 方形的无柱空间，如图1.9所示。

图1.8 钢框架-延性墙板结构体系

图1.9 交错桁架结构体系

（5）门式刚架结构体系

门式刚架是一种传统的结构体系,该类结构的上部主构架包括刚架斜梁、刚架柱、支撑、檩条、系杆、山墙骨架等,如图 1.10 所示。

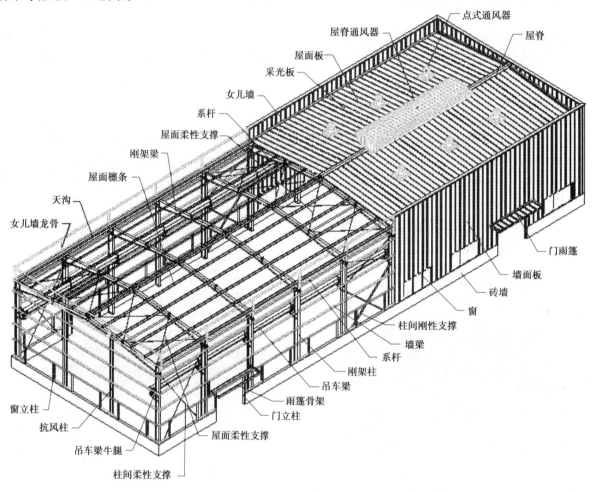

图 1.10　门式刚架结构体系

（6）低层冷弯薄壁型钢结构体系

低层冷弯薄壁型钢结构体系是由冷弯型钢为主要承重构件的结构。冷弯薄壁型钢由厚度为 1.5 ~ 5 mm 的钢板或带钢,经冷加工(冷弯、冷压或冷拔)成型,同一截面的厚度都相同,截面各角顶处呈圆弧形。在公用建筑和住宅中,可用薄壁型钢制作各种屋架、刚架、网架、檩条、墙梁、墙柱等结构和构件,如图 1.11 所示。

图 1.11　冷弯薄壁型钢结构体系

3) 装配式木结构

装配式木结构建筑是指主要的木结构承重构件、木组件和部品在工厂预制生产,并通过现场安装而成的木结构建筑。

常见的装配式木结构体系如下所述。

(1) 轻型木结构体系

轻型木结构体系是用规格材及木基结构板材或石膏板制作的木构架墙体、楼板和屋盖系统构成的单层或多层建筑结构体系,如图 1.12 所示。

图 1.12　轻型木结构体系

(2) 胶合木结构体系

胶合木结构体系是指承重构件主要采用层板胶合木制作的单层或多层建筑结构体系,如图 1.13 所示。

图 1.13　胶合木结构体系

(3) 原木结构体系

原木结构采用规格及形状统一的矩形和圆形原木或胶合木构件叠合制作,集承重体系与围护结构于一体的木结构体系,如图 1.14 所示。

(4) 木结构组合体系

木结构组合体系是指由木结构或其构、部件和其他材料,如钢、钢筋混凝土或砌体等不燃结构或构件共同形成、共同受力的结构体系,如图 1.15 所示。

图 1.14　原木结构体系

图 1.15　木结构组合体系

1.1.4　装配率

　　装配式建筑代表着新一轮建筑科技革命和产业变革方向,既是传统建筑业转型与建造方式的重大变革,也是推进供给侧结构性改革的重要举措,更是新型城镇化建设的有力支撑。为促进装配式建筑发展、规范装配式建筑评价,中华人民共和国住房和城乡建设部颁发了《装配式建筑评价标准》(GB/T 51129—2017)。

　　根据该标准的规定,装配式建筑评价分为项目预评价和项目评价(项目最终评价结果)。项目预评价一般在设计阶段完成后进行,按设计文件计算装配率,主要目的是促进装配式建筑设计理念尽早融入项目实施中。如果项目预评价结果满足评价要求,对于发现的不足之处,申请评价单位可以通过调整和优化方案进一步提高装配化水平;如果预评价结果不满足评价要求,申请评价单位可以通过调整和修改设计方案来满足要求。若申请评价项目在主体结构和装饰装修工程通过竣工验收后进行评价,按竣工验收资料计算装配率和确定评价等级。

　　《装配式建筑评价标准》(GB/T 51129—2017)规定,采用装配率评价建筑的装配化程度。装配率计算公式为:

$$P = \frac{Q_1 + Q_2 + Q_3}{100 - Q_4} \times 100\%$$

式中　P——装配率；

　　　Q_1——主体结构指标实际得分值；

　　　Q_2——围护墙和内隔墙指标实际得分值；

　　　Q_3——装修与设备管线指标实际得分值；

　　　Q_4——计算项目中缺少的计算项分值总和。

装配式建筑计分表见表1.2。

表1.2　装配式建筑计分表

评价项		评价要求	评价分值	最低分值
主体结构 （50分）	柱、支撑、承重墙、延性墙板等竖向构件	35%≤比例≤80%	20~30*	20
	梁、板、楼梯、阳台、空调板等构件	70%≤比例≤80%	10~20*	
围护墙和内隔墙 （20分）	非承重围护墙非砌筑	比例≥80%	5	10
	围护墙与保温、隔热、装饰一体化	50%≤比例≤80%	2~5*	
	内隔墙非砌筑	比例≥50%	5	
	内隔墙与管线、装修一体化	50%≤比例≤80%	2~5*	
装修和设备管线 （30分）	全装修	—	6	6
	干式工法楼面、地面	比例≥70%	6	—
	集成厨房	70%≤比例≤90%	3~6*	
	集成卫生间	70%≤比例≤90%	3~6*	
	管线分离	50%≤比例≤70%	4~6*	

注：表中带"＊"项的分值采用"内插法"计算，计算结果取小数点后一位。

该标准还规定，装配率计算和装配式建筑等级评价应以单体建筑作为计算和评价单元。装配式建筑应同时满足下列要求：主体结构部分的评价分值不低于20分；围护墙和内隔墙部分的评价分值不低于10分；采用全装修；装配率不低于50%。当满足以上要求且主体结构竖向构件中预制部品部件的应用比例不低于35%时，可进行装配式建筑等级评价。装配式建筑评价等级划分为3级，具体如下所述。

①装配率为60%~75%时，评价为A级装配式建筑。

②装配率为76%~90%时，评价为AA级装配式建筑。

③装配率为91%及以上时，评价为AAA级装配式建筑。

此外，该标准还明确，装配式建筑宜采用装配化装修。

1.2　装配式建筑智能制造

装配式建筑历经大半个世纪的发展应用，已经普遍被人们熟知并接受，随着人类对建筑需求的不断变化和提升，装配式建筑也随之发展创新，并伴随着机械化的普及和信息化管理的变革，装配式建筑也提出了"五化一体"的新目标。生产工厂化和管理信息化是装配式建筑一体化发展中的重要环节，并由此引申出智能化制造的概念。

1.2.1 装配式建筑"五化"

1962 年建筑大师梁思成提出的"三化",因为时代背景,计算机信息化技术还未普及,因此还无信息化的概念。现阶段建筑工业化与装配式建筑本身的内涵既有共同点,也有区别点,共同点就是"五化",即标准化设计、工业化生产、装配化施工、一体化装修和信息化管理,如图 1.16 所示。

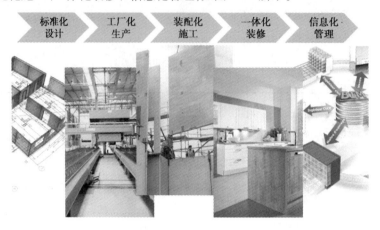

图 1.16 装配式建筑"五化"

1)标准化设计

建立标准化的单元是标准化设计的核心。其不同于早期标准化设计中仅是某一方面的标准图集或模数化设计。建筑信息化模型(Building Information Modeling,BIM)技术的应用,即受益于信息化的运用,原有的局限性被其强大的信息共享、协同工作能力所突破,更利于建立标准化的单元,实现建造过程中的重复使用,如图 1.17 所示。

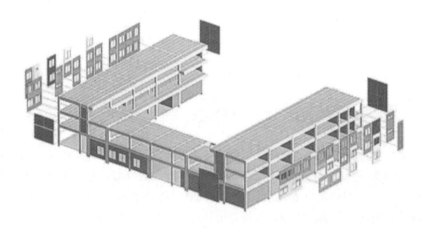

图 1.17 标准化设计

国际上许多工业化程度高的发达国家都曾开发出各种装配式建筑专用体系,例如英国的 L 板体系、法国的预应力装配框架体系、德国的预制空心模板墙体系、美国的预制装配停车楼体系、日本的多层装配式集合住宅体系等。我国的装配式混凝土单层工业厂房及住宅用大板建筑等也都属于专用结构体系范畴。

2)工业化生产

预制构件是建筑工业化的主要环节。目前最为火热的"工厂化"解决的根本问题,其实是主体结构的工厂化生产。传统施工中,误差只能控制在厘米级,比如门窗,每层尺寸各不相同,这是导致主体结构精度难以保证的关键因素。另外,传统施工中主体结构施工还是过度依赖一线建筑工人;传统施工方式的施工现场产生了大量建筑垃圾,造成材料浪费和对环境的破坏;更为关键的是,不利于现场质量控制。而这些问题均可通过主体结构的工厂化生产得以解决,实现毫米级误差控制及装修部品的标准化,如图 1.18 所示。

PCI工业化生产线

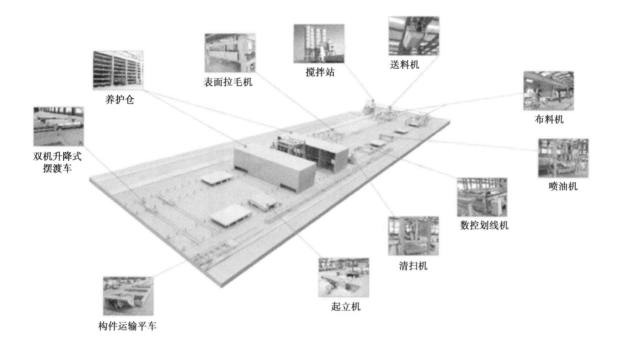

表面拉毛机　　搅拌站　　送料机

养护仓　　布料机

双机升降式
摆渡车　　喷油机

数控划线机

清扫机

构件运输平车　　起立机

图 1.18　工业化生产

3)装配化施工

　　装配化施工有两个核心层面,即施工技术和施工管理,均与传统现浇施工方式有所区别,特别是在管理层面。装配化施工强调建筑工业化,即工业化的运行模式。相比于传统层层分包的模式来说,建筑工业化更提倡工程总承包(Engineering Procurement Construction,EPC)模式,通过 EPC 模式将技术固化下来,形成集成技术,实现全过程的资源优化。确切地说,EPC 模式是建筑工业化初级阶段主要倡导的一种模式。作为一体化模式,EPC 实现了设计、生产、施工的一体化,从而使项目设计更优化,利于实现建造过程的资源整合、技术集成及效益最大化,这样才能在建筑产业化过程中保证生产方式的转变,如图 1.19 所示。

图 1.19　装配化施工

4）一体化装修

从设计阶段到构件的生产、制作与装配化施工,装配式建筑通过一体化的模式来实现。其实现了构件与主体结构的一体化,而不是在毛坯房交工后再进行装修。装配化施工中,建筑部品均已预留了各种管线和装饰材料安装设置的空间,为装修施工提供了方便。有些部品,在工厂预制阶段就已经直接安装好了相应设施,如图 1.20 所示。

图 1.20　一体化装修

5）信息化管理

信息化管理,即建筑全过程的信息优化。在设计初始阶段便建立信息模型,之后各专业采用信息平台协同作业,图纸在进入工厂后再次进行优化处理,装配阶段也需要进行施工过程的模拟,如图 1.21 所示。可以说,信息技术的广泛应用会集成各种优势并使之形成互补,使建设逐步朝着标准化和集约化的方向发展,加上信息的开放性,可调动人们的积极性并促使工程建设各阶段、各专业主体之间共享信息资源,解决了很多不必要的问题,有效避免了各行业、各专业间不协调的问题,加速了工期进程,从而有效解决了设计与施工脱节、部品与建造技术脱节等中间环节问题,提高效率并充分发挥新型建筑工业化的特点及优势。

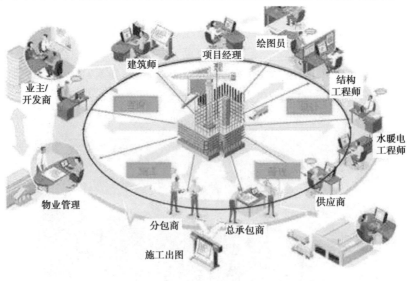

图 1.21　信息化管理

1.2.2　智能化制造

与欧美发达国家的预制构件生产线相比较,我国的装备制造水平与其的差距不大,且更加适合中国国情。但是,在生产过程中的信息化程度及对其上下游的整合度方面,国内外的差距仍然较大。

国内预制构件生产线制造商逐步研发自有的生产管理系统,垂直整合上下游,致力于生产管理系统和

BIM 的兼容性研究,实现预制构件产品的全生命周期管理、生产过程监控系统、生产管理和记录系统、远程服务等信息系统的开发和应用,提高信息化、智能化水平,最终达到设计、生产、管理信息互通,联系紧密,如图1.22所示。

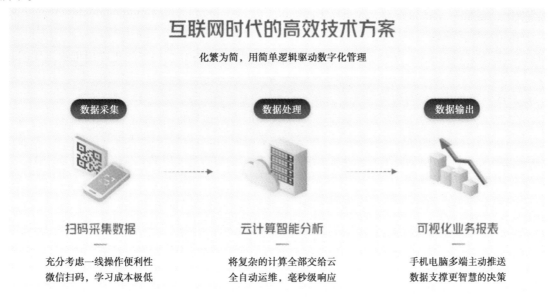

图 1.22   数字化管理

图 1.23 所示为智能化应用的主要场景,能取得如下所述的效果。

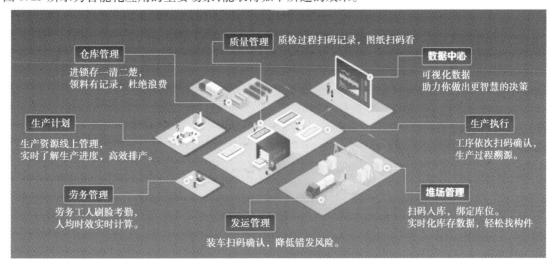

图 1.23   智能化应用

（1）解决设计问题

传统方式需要人工从 CAD 或其他制图软件中手工提取并统计制成 BOM 表进行管理。通过智能化应用可实现图纸自动解析和应用,实现构件图纸的在线呈现,建筑模型在线交互,物料信息自动获取。

（2）解决生产过程智能控制问题

传统方式生产计划编制粗糙,变更频繁且不及时,效率低下;生产过程管理不到位,现场信息反馈滞后。通过智能化应用可做到流程精准把控,每道工序操作人员、时间、结果精准记录,过程清晰,实时移动协同,信息高效沟通。

（3）解决产品质量问题

传统方式质量检验都依赖纸质单据,无法自动提取分析数据,整理归档困难,满足国家和地方标准的资料管理繁杂;通过智能化应用可做到移动终端扫码添加质检记录并可上传影像资料,产品质量做到可追溯,各种表单自动归集,提取简便。

（4）解决监管分析问题

传统方式监管不及时,关键指标和问题不明朗,缺少有效预警不便管控调整;通过智能化应用可做到报表自动生成数据一键导出,同时可形成可视化的生产管理看板。

（5）解决成本管控问题

传统方式缺少材料消耗、人员工时等准确数据,无法及时核算正式成本;智能化应用可提供实时理论成本,便于对比控制。

（6）解决堆场库存及运输问题

传统方式管理粗放,对构件库存管理难度较大,无法及时有效地发货,影响效能,同时也无法对构件运输时间进行监管;智能化应用通过库存管理系统、车辆运输管理系统,可有效解决堆场库存盘点困难,及时定位构件位置高效发货,同时运输车辆可通过导航系统及电子围栏设置进行实时监控,确保按时运输到场。

（7）解决建造进度控制问题

相较于传统建筑方式而言,装配式建筑由预制构件所构成,在现场采取运输吊装的方式,将各工程构件进行安装固定,从而完成建筑各部位的建造。智能化应用可有效建立进度控制模型,将各建筑构件进行模拟仿真,实现对建筑构件的实时跟踪,通过一系列的技术方法实现科学的进度控制。

（8）解决建造中监理控制问题

在装配式建筑工程建造中,监理方由于受传统管理模式的影响,监理工作仍然面临着突出问题,如资料冗杂、信息滞后及装配式构件验收等,而这些问题的存在影响了其监理控制质量,甚至会引发质量安全事故。而智能化应用能够有效转变传统的监理模式,具备信息整合与参与能力,依据全方位的数据信息平台功能,获取相应的数据库信息,确保监理工作的准确性和系统性。

1.3　装配式建筑 EPC 模式

EPC（Engineering Procurement Construction）是指公司受业主委托,按照合同约定对工程建设项目的设计、采购、施工、试运行等实行全过程或若干阶段的承包。通常公司在总价合同条件下,对其所承包工程的质量、安全、费用和进度进行负责。

装配式建筑项目具有"设计标准化、生产工厂化、施工装配化、机电装修一体化、全过程管理信息化"的特点,推行 EPC 模式,才能将装配式建筑工程各部分有效地结合为一体,全面发挥装配式建筑的优势。

装配式建筑 EPC 工程总承包管理模式的优势如下所述。

①EPC 工程总承包模式有利于实现工程建造组织化。

②EPC 工程总承包模式有利于实现工程建造系统化。

③EPC 工程总承包模式有利于实现工程建造精益化。

④EPC 工程总承包模式有利于降低工厂建造成本。

⑤EPC 工程总承包模式有利于缩短工程建造工期。

⑥EPC 工程总承包模式有利于实现技术集成应用和创新。

传统建筑模式与 EPC 模式对比见表1.3。

表 1.3　传统建筑模式与 EPC 模式对比

对比要素	传统模式	EPC 模式
主要特点	设计、采购、施工交由不同的承包商承担,按顺序进行	EPC 总承包承担设计、采购和施工任务,有序交叉进行
设计的主导作用	难以充分发挥	能充分发挥
设计采购施工之间的协调	由业主协调,属外部协调	总承包商协调,属内部协调

对比要素	传统模式	EPC 模式
设计和施工进度控制	协调和控制难度大	能实现深度交叉
进度协调	难以协调和控制	能实现深度交叉
工程总成本	高	低
投资效益	较好	更好
费用控制	浪费环节多	节省环节多
质量控制	各管各的质量	全过程全方位控制质量

1.4　装配式建筑 PC 构件智能产线

国家对装配式建筑的推动和市场需求的扩大对 PC 构件生产线的智能化程度提出了更高的要求。

目前,PC 构件生产设备自动化程度不高,多数工序还依赖工人手工实施。例如,混凝土浇筑设备不能精确定量,需要人工增减调节;钢筋加工设备仅能自动加工标准网片;拆/布模完全依赖手工;原料及成品运输缺少智能化的运载工具;抹平设备无法处理有预埋的构件等。

此外,随着信息技术水平的不断发展,现代信息技术被不断地应用到传统的生产产线中,大大提升了传统产线的智能化程度,智能产线应运而生,全面促进了产线的工作效率,在很大程度上提高了 PC 构件的生产效率,提高了企业的经济效益,推动了我国装配式建筑的发展,提高了建筑建造效率与品质。

1.4.1　信息化技术及智能产线概述

所谓信息化技术,是指以信息和知识为主要资源、以计算机和数学为主要支撑、以信息的处理为主要生产方式的操作过程。一般认为,信息化技术一般具有网络化、虚拟化、数字化、智能化和多媒体化等 5 个特征。

智能产线是将信息化技术和传统的生产线相互结合起来进一步发展的产物,是智能生产、智能制造的承载者。可以说智能产线是新一代的智能制造的三大系统(包括智能产品、智能生产及智能服务等)集成的基础,智能产线的集成和应用,可以实现基于云架构的生产制造的各元素之间的横向集成。总的来说,基于智能产线的智能制造可以包括 3 个阶段:数字化制造阶段、互联网+制造端及新一代智能制造阶段,三大阶段以智能产品、智能生产、智能服务为总体目标。在这一系统中,智能产线是智能产品的主要提供者,是智能生产的基本组成单元,是智能产品、智能生产、智能制造三大系统的重要基石。智能产线在这一系统中具有非常重要的地位,对于推动智能制造行业的发展具有非常重要的意义。

1.4.2　装配式建筑 PC 构件智能产线特点

装配式建筑 PC 构件智能产线具有下述 6 个特点。

(1)智能计划排产

首先从计划源头确保计划的科学化、精准化。从上游系统读取主生产计划后进行自动排产,按"交货期""精益生产""生产周期""最优库存""同一装夹优先""已投产订单优先"等多种高级排产算法,自动生成的生产计划,可准确到每一道工序、每一台设备、每一分钟,并使交货期最短、生产效率最高、生产最均衡化。这是对整个生产过程进行科学管理的源头与基础。

(2)智能生产过程协同

为避免生产设备因操作人员忙于找工具、找料、检验等辅助工作而造成设备有效利用率低的情况,要从生产准备的过程上,实现物料、模具、工装、工艺等的并行协同准备,实现车间级的协同制造,明显提升设备的有效利用率。随着 BIM 技术的普及,在生产过程中实现以 3D 模型为载体的信息共享,将多种数据格式的 3D 图形、工艺直接下发到现场,做到生产过程的无纸化,也可明显减少图纸转化与看图的时间,提高工人的劳动效率。

（3）智能的设备互联互通

无论是工业 4.0、工业互联网、还是中国制造 2025,其实质都是以 CPS 赛博物理系统为核心,通过信息化与生产设备等物理实体的深度融合,实现智能制造的生产模式。自动化生产线通过设备联网、数据采集、大数据分析、可视化展现、智能决策等功能,实现数字化生产设备的分布式网络化通信、程序集中管理、设备状态的实时监控等,就是 CPS 赛博物理系统在制造企业中最典型的体现。

（4）智能生产资源管理

通过对生产资源（物料、工具、量具等）进行出入库、查询、盘点、报损、并行准备、切削专家库、统计分析等功能,可有效地避免生产资源的积压与短缺,实现库存的精益化管理,最大限度地减少因生产资源不足带来的生产延误,也可避免因生产资源的积压造成生产辅助成本的居高不下。

（5）智能质量过程管控

除了对生产过程中的质量问题进行及时的处理,分析出规律,减少质量问题的再次发生等技术手段外,在生产过程中对生产设备的制造过程参数进行实时采集、及时干预,也是确保产品质量的一个重要手段。

通过工业互联网的形式对数字化设备进行采集与管理,如采集设备基本状态,对各类工艺过程数据进行实时监测、动态预警、过程记录分析等功能,可实现对加工过程实时的、动态的、严格的工艺控制,确保产品生产过程完全受控。

当生产一段时间,产品达到一定规模时,人们可以通过对工序过程的主要工艺参数与产品质量进行综合分析,为技术人员与管理人员进行工艺改进提供科学、量化的参考数据,以便在以后的生产过程中,减少不好的参数,确保最优的生产参数,从而保证产品的一致性与稳定性。

（6）智能决策支持

在整个生产过程中,系统运行着大量的生产数据以及设备的实时数据,企业一个车间一年的数据量就可高达 10 亿条,这是一种真正意义上的工业大数据,这些数据都是企业的宝贵财富。对这些数据进行深入的挖掘与分析,系统可自动生成各种直观的统计、分析报表,如计划制订情况、计划执行情况、质量情况、库存情况、设备情况等,可为相关人员决策提供帮助。这种基于大数据分析的决策支持,可以很好地帮助企业实现数字化、网络化、智能化的高效生产模式。

总之,装配式建筑 PC 构件智能产线具有计划科学化、生产过程协同化、生产设备与信息化深度融合等特点,并通过基于大数据分析的决策支持对装配式建筑企业进行透明化、量化的管理,可明显提升企业的生产效率与产品质量,是一种集合数字化、网络化的智能生产模式。

第2章 装配式建筑 PC 构件生产工艺流程及产品质量标准

2.1 装配式建筑 PC 构件生产工艺流程

根据场地的不同,构件尺寸的不同以及实际需要等情况,可采用不同方法生产混凝土预制构件,目前流水生产线法应用极为广泛。流水生产线法是指在工厂内通过滚轴传送机或者传送装置将托盘模具内的构件从一个操作台转移到另一个操作台上,这是典型的适用于平面构件的生产制作工艺,如墙板和楼板构件的生产制作。流水生产线法具有高度的灵活性,不仅适用于平面构件生产,还适用于楼梯及线性构件的生产。

流水生产线法主要有以下两方面的优势:一方面,它可以更好地组织整个产品生产制作过程,材料供应不需要内部搬运即可到位,而且每个工人每次都可以在同一个位置完成同样的工作。另一方面,它可以降低工厂生产成本,因为每个独立的生产制作工序均在专门设计的工作台上完成,如混凝土振捣器和模具液压系统在生产工序中仅需使用一次,所以可以实现更多的作业功能。预制构件生产线效果图如图 2.1 所示。

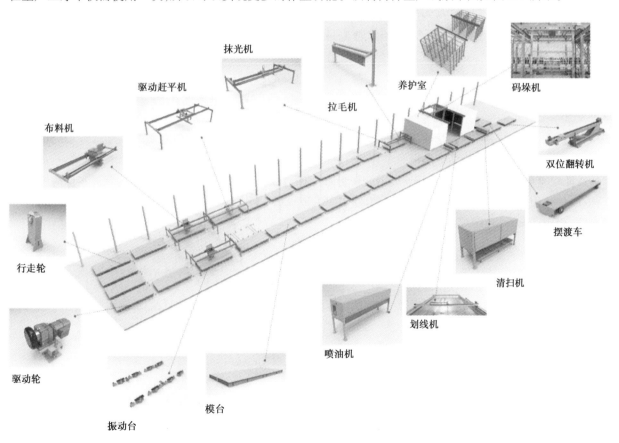

图 2.1 预制构件生产线示意图

目前,装配式建筑 PC 构件生产产线工艺流程主要包括模台清理、支模、钢筋安装、混凝土浇筑等工序,具体流程如图 2.2 所示。

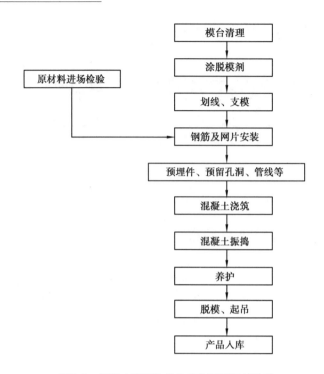

图 2.2　混凝土预制构件生产的通用工艺流程

本书从材料入场检测开始,逐个介绍装配式建筑 PC 构件生产产线中主要的生产工艺流程。

2.1.1　材料入场检测

预制构件生产所用的混凝土、钢筋、套筒、灌浆料、保温材料、拉结件、预埋件等应符合国家标准《混凝土强度检验评定标准》(GB/T 50107—2019)和《混凝土结构工程施工质量验收规范》(GB 50204—2021)的规定,并应进行进厂检验,经检测合格后方可使用。预制构件采用的钢筋规格、型号、力学性能和钢筋的加工、连接、安装等应符合国家标准《装配式混凝土结构技术规程》(JGJ 1—2014)和《混凝土结构工程施工质量验收规范》(GB 50204—2015)的规定。门窗框预埋应符合国家标准《建筑装饰装修工程质量验收规范》(GB 50210—2018)的规定,混凝土的各项力学性能指标应符合国家标准《混凝土结构设计规范(2015 年版)》(GB 50010—2010)的规定,钢材的各项力学性能指标应符合国家标准《钢结构设计规范》(GB 50017—2017)的规定,灌浆套筒的性能应符合国家行业标准《钢筋连接用灌浆套筒》(JG/T 398—2019)的规定,聚苯板的性能指标应符合国家标准《绝热用模塑聚苯乙烯泡沫塑料》(GB/T 10801.1—2021)和《绝热用挤塑聚苯乙烯泡沫塑料(XPS)》(GB/T 10801.2—2018)的规定。

1)钢筋

钢筋入场时主要检测的具体指标为下述几点:

(1)抗拉性能

①拉伸是建筑钢材的主要受力形式,所以抗拉性能是表示钢材性能和选用钢材的重要指标。

将低碳钢(软钢)制成一定规格的试件,放在材料试验机上进行拉伸试验,可以绘出如图 2.3 所示的应力-应变关系曲线。从图中可以看出,低碳钢受拉至拉断,经历了 4 个阶段:弹性阶段(OA)、屈服阶段(AB)、强化阶段(BC)和颈缩阶段(CD)。

a.弹性阶段。

曲线中 OA 段是一条直线,即应力与应变成正比。如卸去外力,试件能恢复原来的形状,这种性质即为弹性,此阶段的变形为弹性变形。与 A 点对应的应力称为弹性极限,以 σ_p 表示。应力与应变的比值为常数,即弹性模量 E,$E = \sigma/\varepsilon$。弹性模量反映钢材抵抗弹

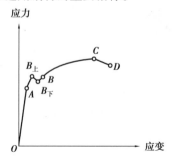

图 2.3　低碳钢受拉的应力-应变关系曲线

性变形的能力,是钢材在受力条件下计算结构变形的重要指标。

b. 屈服阶段。

应力超过 A 点后,应力、应变不再成正比关系,开始出现塑性变形。应力增长滞后于应变的增长,当应力达 $B_\text{上}$ 点后,瞬时下降至 $B_\text{下}$ 点(屈服点),变形迅速增加,而此时外力则大致在恒定的位置上波动,直到 B 点,这就是所谓的"屈服现象",似乎钢材不能承受外力而屈服,所以 AB 段称为屈服阶段。

c. 强化阶段。

当应力超过屈服强度后,由于钢材内部组织中的晶格发生了畸变,阻止了晶格进一步滑移,钢材得到强化,所以钢材抵抗塑性变形的能力又重新提高,BC 段呈上升曲线,称为强化阶段。

d. 颈缩阶段。

试件受力达到最高点 C 点后,其抵抗变形的能力明显降低,变形迅速发展,应力逐渐下降,试件被拉长,在有杂质或缺陷处,断面急剧缩小,直到断裂。故 CD 段称为颈缩阶段。

② 两个强度指标。

a. 屈服强度。

与 $B_\text{下}$ 点(此点较稳定、易测定)对应的应力称为屈服点(屈服强度),用 σ_s 表示。钢材受力大于屈服点后,会出现较大的塑性变形,已不能满足使用要求,此屈服强度是设计上钢材强度取值的依据,是工程结构计算中非常重要的一个参数。

b. 抗拉强度。

对应于最高点 C 的应力值(σ_b)称为极限抗拉强度,简称抗拉强度。

c. 屈强比。

屈服强度和抗拉强度之比(即屈强比 $= \sigma_\text{s}/\sigma_\text{b}$)能反映钢材的利用率和结构安全可靠程度。屈强比越小其结构的安全可靠程度越高,但屈强比过小,又说明钢材强度的利用率偏低,会造成钢材浪费。建筑结构钢合理的屈强比一般为 $0.60 \sim 0.75$。

③ 塑性指标:钢材的塑性通常用伸长率表示。

将拉断后的试件拼合起来,测定出标距范围内的长度 L_1(mm),其与试件原标距 L_0(mm)之差即为塑性变形值,塑性变形值与之比 L_0 称为伸长率(δ),如图 2.4 所示。

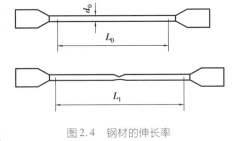

图 2.4　钢材的伸长率

伸长率(δ)计算如下。

$$\delta = \frac{L_1 - L_0}{L_0} \times 100\%$$

伸长率是衡量钢材塑性的一个重要指标,δ 越大说明钢材的塑性越好。而一定的塑性变形能力,可保证应力重新分布,避免应力集中,从而钢材用于结构的安全性越大。

(2)冲击韧性

冲击韧性是指钢筋在冲击载荷作用下吸收塑性变形功和断裂功的能力,反映材料内部的细微缺陷和抗冲击性能。冲击韧度指标的实际意义在于揭示材料的变脆倾向,是反映金属材料对外来冲击负荷的抵抗能力,一般由冲击韧性值(a_k)和冲击功(A_k)表示,其单位分别为 J/cm 和 J。影响钢材冲击韧性的因素有材料的化学成分、热处理状态、冶炼方法、内在缺陷、加工工艺及环境温度。

(3)硬度

钢材的硬度指其表面局部体积内抵抗外物压入产生塑性变形的能力。测定钢材硬度较常用的方法为布氏法和洛氏法。

布氏法的测定原理是利用直径为 D(mm)的淬火钢球,以 P(N)的荷载将其压入试件表面,经规定的持续时间后卸除荷载,即得直径为 d(mm)的压痕,以压痕表面积 F(mm^2)除以荷载 P,所得的应力值即为试件的布氏硬度值 HB,以数字表示,不带单位,HB 值越大,表示钢材越硬。

洛氏法根据压头压入试件的深度大小表示材料的硬度值。洛氏法压痕很小,一般可用于判断机械零件的热处理效果。

（4）疲劳强度

钢材在交变荷载作用下应力远小于抗拉强度时发生断裂，这种现象称为钢材的疲劳破坏。疲劳破坏的危险应力用疲劳极限来表示，疲劳极限指疲劳试验中试件在交变荷载作用下，在规定的周期基数内不发生断裂所能承受的最大应力，周期基数一般为 200 万次或 400 万次以上。

（5）冷弯性能

冷弯性能是指钢材在常温下承受弯曲变形的能力，也是钢材的重要工艺性能。

钢材的冷弯性能指标，以试件被弯曲的角度和弯心直径对试件厚度（或直径）的比值来表示。试验时采用的弯曲角度越大，表示冷弯性能越好。钢的技术标准中对各号钢的冷弯性能都有规定：按规定的弯曲角和弯心直径进行试验，试件的弯曲处不发生裂缝、裂断或起层，即认为冷弯性能合格。

（6）焊接性能

焊接是钢结构、钢筋、预埋件等的主要联结方式，因此要求钢材具有良好的可焊性，可焊性指焊接后的焊缝处的性质与母材性质相近。可焊性的好坏与钢材的化学成分和含量有关。当钢中的含碳量大于 0.25% 时，可焊性变差，加入的合金元素硅、锰、钒、钛等也将增加焊接的硬脆性，降低可焊性，尤其是硫能使焊接时产生热脆性。

土木工程中的焊接结构用钢，应选用含碳量低的氧气转炉或平炉生产的镇静钢，结构焊接用电弧焊，钢筋连接用接触对焊。

2）混凝土

混凝土主要检测内容包括以下几个方面：和易性、强度、耐久性。

（1）混凝土拌合物的和易性

A. 和易性的概念。

和易性（又称工作性）是混凝土在凝结硬化前必须具备的性能，是指混凝土拌合物易于施工操作（拌和、运输、浇灌、捣实）并能获得质量均匀，成型密实的性能。和易性是一项综合的技术性质，包括流动性、黏聚性和保水性等 3 个方面的含义。

流动性是指混凝土拌合物在本身自重或施工机械振捣的作用下，能产生流动，并均匀密实地填满模板的性能。流动性反映拌合物的稀稠程度。若拌合物太黏稠，难以振捣密实；若拌合物过稀，振捣后容易出现水泥砂浆和水分上浮及石子下沉的分层离析现象，影响混凝土的质量。

黏聚性是指混凝土拌合物具有一定的黏聚力，在施工、运输及浇筑过程中，不致出现分层离析，使混凝土保持整体均匀的性能。黏聚性不好的混凝土拌和物，砂浆与石子容易分离，振捣后会出现蜂窝、空洞等现象。

保水性是指混凝土拌合物具有一定的保水能力，在施工过程中不致产生严重的泌水现象。产生严重泌水的混凝土内部容易形成透水通路，上下薄弱层和钢筋或石子下部水隙。这些都将影响混凝土的密实性，并降低混凝土的强度及耐久性。

通过以上分析可以看出，混凝土拌合物的流动性、黏聚性和保水性有其各自的内涵，而它们之间既互相联系又存在矛盾。和易性则是这 3 个方面性质在某种具体条件下的矛盾统一体。

B. 和易性的评定。

目前还没有一种单一的试验方法能全面反映混凝土拌合物的和易性。通常在工地和实验室测定的是混凝土拌合物的流动性，并辅以直观经验评定黏聚性和保水性。

流动性测定方法常用的有坍落度试验及维勃稠度试验两种。

方法 1：坍落度试验

将混凝土拌合物按规定方法装入标准圆锥坍落度筒内（无底），装满刮平后，垂直向上将筒提起，移到一旁，混凝土拌合物由于自重将会产生坍落现象。然后量出向下坍落的尺寸（mm）称为坍落度，作为流动性指标。坍落度越大，表示混凝土拌合物的流动性越大。图 2.5 所示为坍落度试验。

在做坍落度试验的同时，应同时观察混凝土拌合物的黏聚性，保水性及含砂等情况，以便全面评定混凝土拌合物的和易性。

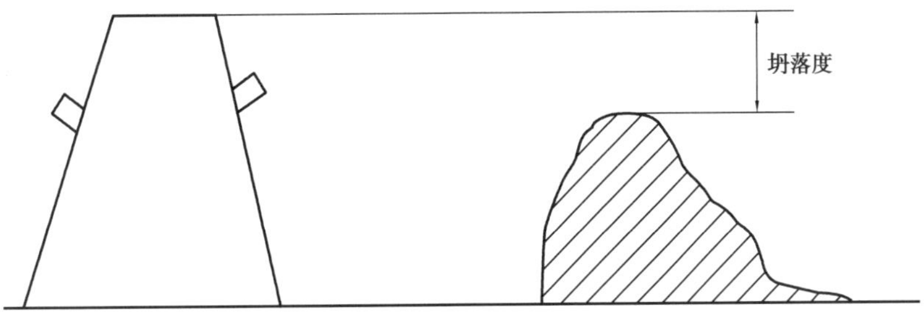

图2.5　混凝土坍落度

方法2：维勃稠度试验（当坍落度小于10 mm时）

将坍落度筒置于容器内，并固定在规定的振动台上，先在坍落度筒内填满混凝土拌合物，抽出坍落度筒，在拌合物试体顶面放一透明圆盘，开启振动台，同时用秒表计时，到透明圆盘的底面完全为水泥浆所布满时，停止秒表，关闭振动台。此时可认为混凝土拌合物已密实。所读秒数，称为维勃稠度，该法适用于骨料最大粒径不超过40 mm，维勃测为5~30 s的混凝土拌合物稠度测定。

C.流动性（坍落度）的选择。

混凝土拌合物根据坍落度大小，可分为4级（《混凝土质量控制标准》（GB 50164—2011））：低塑性混凝土（坍落度为10~40 mm），塑性混凝土（坍落度为50~90 mm）、流动性混凝土（坍落度为100~150 mm）及大流动性混凝土（坍落度大于160 mm）。

结合施工条件、构件截面大小、配筋疏密程度、捣实方法等确定坍落度。通常配筋密、人工捣实、截面窄、泵送时，坍落度应大。

D.影响和易性的主要因素。

a.水泥浆的用量。

在水灰比一定的情况下，增加水泥浆的用量，流动性增大，但不经济且易使黏聚性和保水性变差，强度下降，但过少，不能填满骨料空隙或不能很好包裹骨料，黏聚性变差，流动性小。

b.拌合物的稠度（水灰比）。

在水泥用量一定的情况下，水灰比（W/C）小，则流动性较差，但黏聚性和保水性好；水灰比过小，拌合物则会过于干稠，造成施工困难且不易密实。水灰比大，则流动性好，但水灰比太大，则会造成黏聚性和保水性不良，产生离析、流浆，从而降低混凝土拌合物质量。

在一定的条件下，要使混凝土拌合物获得一定的流动性，所需的单位用水量基本上是一个定值。若单纯只是加大用水量，强度、耐久性则会降低，因此，在对混凝土拌合物流动性进行调整时，应保持W/C不变，仅增加水泥浆用量来调整。

c.砂率：砂的质量占砂石总质量的百分率。

砂的作用是填充石子间的空隙并以水泥砂浆包裹在石子的外表面。砂率的变动会使骨料的空隙率和总表面积有显著的改变。砂率过大时，水泥浆用量相应地增加，过小时，不能保证粗骨料间足够的水泥砂浆，影响其和易性。砂率达合理值，称为最佳砂率。

d.组成材料的品种及性质。

● 水泥：在常用水泥中，以普通水泥所配置的混凝土拌合物的流动性和保水性好，当使用矿渣水泥和火山灰水泥时，流动性好，但砂渣水泥泌水性大。

● 骨料：级配好、较粗骨料，在相同配合比下流动性好，过粗则保水性、黏聚性差。河沙及卵石比山沙、碎石拌合物的流动性大。

e.时间及温度：随时间的延长，流动性变差。随环境温度的升高，水分蒸发及水化反应加快，那么坍落度损失就会加快。

f.外加剂：在不增加水泥浆用量的条件下，加入适量的外加剂可获得较好的和易性。

g.施工方法：机械优于人工。

E. 改善和易性的措施

a. 改善砂、石的级配。

b. 采用较粗的砂石。

c. 采用合理的砂率。

d. 掺入外加剂。

e. 坍落度小时,保持 W/C 不变,增加水泥浆用量;坍落度过大,但黏聚性好时,保持砂率不变,增加砂石用量。

（2）混凝土的强度

混凝土的强度包括抗压、抗拉、抗弯、抗剪强度及与钢筋的黏结强度,抗压强度常作为评定混凝土质量的指标,作为强度等级的依据。

①混凝土的抗压强度与强度等级。

按国家标准《混凝土强度检验评定标准》(GB/T 50107—2019),以立方体抗压强度作为混凝土的强度特征值,根据标准规定的试验方法,以边长为 150 mm 的立方体试件为标准试件,标准养护 28 d,测定其抗压强度来确定。

测定混凝土抗压强度时,也可采用非标准尺寸的试件,然后将测定结果乘以换算系数,换算成相当于标准试件的强度值,对于边长为 100 mm 的立方体试件,应乘以强度换算系数 0.95,对于边长为 200 mm 的立方体试件,应乘以强度换算系数 1.05。

混凝土立方体抗压强度标准值是指具有 95% 强度保证率的标准立方体抗压强度值,也就是指在混凝土立方体抗压强度测定值的总体分布中,低于该值的百分率不超过 5%。

混凝土强度等级是根据混凝土立方体抗压强度标准值(MPa)来确定,用符号 C 表示,划分为 C7.5、C10、C15、C20、C25、C30、C35、C40、C45、C50、C55、C60 共 12 个等级。

不同工程或用于不同部位的混凝土,对其强度等级的要求也不同,一般是:

- C7.5 ~ C15 用于垫层、基础、地坪及受力不大的结构。
- C15 ~ C25 用于梁、板、柱、楼梯、屋架等普通钢筋混凝土结构。
- C25 ~ C30 用于大跨度结构,耐久性要求较高的结构,预制构件等。
- C30 以上用于预应力钢筋混凝土构件,承受动荷结构及特种结构等。

②混凝土轴心抗压强度(更接近于构件形状)。

在结构设计中,常要用到混凝土的轴心抗压强度,它是采用棱柱体试件测得的抗压强度,采用棱柱体试件比立方体试件能更好地反映混凝土在受压构件中实际受压情况。目前,我国采用 150 mm × 150 mm × 300 mm 的棱柱体作为轴心抗压强度的标准试件。试验表明,棱柱体试件抗压强度与立方体试件抗压强度之比为 0.7 ~ 0.8。

③混凝土的抗拉强度。

混凝土的抗拉强度只为抗压强度的 1/10 ~ 1/20,且随着强度等级的提高,其比值变小。其既可作为抗裂度的指标,也可间接衡量混凝土与钢筋间的黏结强度。

④混凝土与钢筋的黏结强度。

黏结强度来源于钢筋与混凝土之间的摩擦力、钢筋与水泥之间的黏结力、钢筋表面的机械啮合力。与混凝土的质量有关,与抗拉强度成正比,并与钢筋尺寸、种类、位置及荷载、环境有关。

标准立方体试件,埋入 $\phi19$ 标准变形钢筋,以不超过 4 MPa/min 的加荷速度对钢筋施加拉力至屈服或裂开或加荷端钢筋滑移超过 2.5 mm,计算黏结强度。

⑤影响混凝土强度的因素。

内因:结构缺陷(多余水、水分析出泌水通道、收缩裂纹等)。

外因:受力。

破坏形式:骨料和水泥石的界面上的破坏为主形式,还有水泥石的破坏。

决定因素:黏结强度。

a. 水泥的实际强度与水灰比。

水泥的实际强度越高,则混凝土的强度越高。

在水泥实际强度一定的情况下,混凝土强度取决于水灰比 W/C,理论用水与实际用水的差别,决定了用水量越少越好,但用水量过少时,干稠施工困难,不易捣实,强度下降,水灰比以 0.4~0.7 为宜。

b. 骨料。

级配良好、砂率适当,有利于强度的提高。碎石混凝土强度高。

骨料强度越高,配制的混凝土强度高,在低水灰比和配高强混凝土时特别明显。

c. 养护的温度与湿度。

养护的温度高,则强度发展快;冰点之下,易冻坏。

湿度适当时,水泥强度可充分发展,湿度低时易出现干缩裂缝。混凝土浇筑后,应在 12 h 内进行覆盖,以防水分蒸发。夏季施工混凝土自然养护时要浇水保湿。

d. 龄期。

早期强度发展快,以后逐渐缓慢,28 d 达到设计强度,仍可发展,可延续数十年之久。

e. 试验条件对混凝土强度测定值的影响。

- 试件尺寸:尺寸越小,测得强度越高(缺陷少,孔隙少)。
- 试件形状:高宽比越大,抗压强度小(环箍效应)。
- 表面状态:表面加润滑时,环箍效应减少。
- 加荷速度:加荷速度越快,测得值高(变形滞后)。

⑥提高混凝土强度或促进混凝土强度发展的措施。

a. 提高混凝土强度的措施。

- 采用高等级的水泥,掺硅灰。
- 采用坚实洁净、级配良好的骨料。
- 采用较小水灰比。
- 掺减水剂。
- 保证成型均匀密实,加强养护。

b. 提高早期强度的措施。

- 采用高等级、早强、快硬水泥。
- 掺早强剂。
- 采用蒸汽养护:1~3 h 后,60~90 ℃蒸养 13~16 h,效果:P. Ⅰ、P. Ⅱ、P. O 效果差,P. P、P. F、P. S 效果好。

(3)混凝土的耐久性

定义:在各种破坏因素的作用下能否经久耐用的性质。

①耐久性的主要表现:

A. 抗渗性。

抗渗性取决于混凝土的密实程度和孔隙构造。密实性差,开口连通孔隙多,抗渗性差。对水工工程用地下建筑使用的混凝土必须考虑其抗渗性。水灰比大,抗渗指标减少。提高措施:提高密实性(降水灰比,骨料级配良好,充分振捣)及改善孔隙结构(加入引气剂)。

B. 抗冻性。

抗冻性取决于混凝土的密实程度和孔隙构造、孔隙率及孔隙充水情况。

在寒冷和严寒地区与水接触又容易受冻的环境下的混凝土要有较强的抗冻能力。

提高抗冻性的措施:低水灰比、密实、有封闭孔隙的混凝土抗冻性好,为提高抗冻性可加入引气剂、防冻剂及减水剂。

C. 抗蚀性。

抗蚀性是指抵抗化学腐蚀的能力,取决于水泥石的抗蚀能力和孔隙状况。

提高措施:合理选择水泥品种、降低水灰比、提高混凝土密实度和改善孔隙结构。

D. 抗碳化。

• 氢氧化钙在钢筋表面形成钝化膜,对钢筋起碱性保护作用。处于潮湿、CO_2 多的环境中的混凝土会发生碳化反应。

• 危害:当碳化随裂纹深入内部,超过保护层厚度时,钢筋生锈,并伴有体积膨胀,使开裂加深,失去与混凝土的黏结能力,导致混凝土产生顺筋开裂而破坏。

有利:产生的碳酸钙填充水泥石的孔隙,水分有利于水化,从而提高密实性和表面硬度。

• 碳化速度与 CO_2 的浓度、水泥品种、水灰比、环境湿度有关。

• 提高措施:在钢筋混凝土结构中采用适当的保护层;根据工程所处的环境使用条件合理选择水泥品种;采用减水剂;采用水灰比小、水泥用量大的配合比;加强质量控制,加强养护,保证振捣质量;在混凝土表面涂刷保护层。

E. 碱—骨料(集料)反应。

• 骨料中含蛋白石、玉髓、鳞石英、方石英、安山岩、凝灰岩等活性骨料,其活性 SiO_2、硅酸盐、碳酸盐与水泥中的 K_2O、Na_2O 等碱性物质发生化学反应。

• 反应条件:水泥中的 K_2O、Na_2O 等碱性物质含量高;骨料中有活性物质;有水存在。

• 反应慢,潜伏几年,危害不能忽视。

• 在潮湿环境中和水中使用的混凝土,应该注意骨料中活性成分的含量或水泥中碱成分的含量。

②提高混凝土耐久性的措施。

a. 根据工程所处的环境及要求,合理地选用水泥品种。

b. 改善骨料级配,控制有害杂质含量。

c. 控制水灰比不得过大。

d. 掺入减水剂。

e. 掺入引气剂。

f. 确保施工质量,浇捣均匀密实。

g. 用涂料、防水砂浆、瓷砖、沥青等进行表面防护,防止混凝土的腐蚀和碳化。

2.1.2　模台、模板清理

模台处于对应工位,试验人员应将模台及模板表面上的残渣、铁锈等杂物清理干净,尤其要注意将侧模与侧模接合处的灰浆和粘贴的胶条清理干净,如图 2.6 所示。

模板与混凝土接触面用棉丝擦拭干净。清理内、外框模具,用铁铲铲除表面的混凝土渣,漏出模具底色,注意清理干净模具端头。清理固定夹具、橡胶块、剪力键等,使其具表面干净无混凝土渣,注意定位端孔等难清理地方。用铁铲铲除黏在台车面上的混凝土渣,重点注意模具布置区和固定螺栓干净无遗漏。

模具清理的操作要点如下:

①清理模具各基准面边沿,利于抹面时保证厚度要求。清理模具时注意保护模具,防止模具变形脱落。如果发现模具变形量超过 3 mm 需进行校正,无法校正的变形模具及时更换。

②清理下来的混凝土残灰要及时收集到指定的垃圾桶内。

③用钢丝球或刮板将内腔残留混凝土及其他杂物清理干净,使用压缩空气将模具内腔吹干净,以用手擦拭手上无浮灰为准。

④所有模具拼接处均用刮板清理干净,保证无杂物残留。将清理干净的模具分组分类,整齐码放,保证现场的清洁安全。

图2.6 模台模具清理

2.1.3 涂脱模剂

涂脱模剂作业前要先检查台车面表面是否干净,定位螺栓位置是否准确(图2.7)。活动挡边放置区涂水性脱模剂,校准模具位置,安装压铁进行紧固。

图2.7 涂脱模剂

在台车面均匀喷涂脱模剂,用拖布涂抹均匀无积液。涂脱模剂的操作要点如下所述。

①需要涂刷脱模剂的模具应在绑扎钢筋笼之前涂刷,严禁将脱模剂涂刷到钢筋笼上。模具放置区涂抹,脱模剂的长度大于等于模具长度,宽度比模具宽度至少大 50mm。

②涂刷厚度不少于 2 mm,且需涂刷 2 次,2 次涂刷时间的间隔不少于 2 min。

③涂刷完的模具要求涂刷面水平向上放置,20 min 后方可使用。

④涂刷脱模剂之前,应保证模具干净。

⑤脱模剂必须涂刷均匀,严禁有流淌、堆积的现象。

2.1.4 划线

模台定位后,技术人员按照图纸,使用粉笔或墨斗在模台上弹出边模内边缘位置。如果是自动化划线过程则是将预制构件的 CAD 图纸输入自动划线机控制系统,自动划线机按照构件的形状和尺寸划出窗洞、构件轮廓线等,供安装边模使用。

2.1.5 支模

技术人员将纵向和横向几块钢制边模放置在划线位置,并且再次复核长度和宽度,待其符合图纸要求后,用磁铁将边模固定在模台上。底模侧边内镶嵌的密封条每番更换一次,打完一番清理干净后再重新粘贴入底模侧边。重复使用的密封条应保证固定牢固,位置合理,凸出部分不宜过多。

装配式建筑构件模具组装要点如下所述(图2.8)。

图2.8　模具组装

①选择正确型号的侧板进行拼装,拼装时不许漏放紧固螺栓或磁盒。在拼接部位要粘贴密封胶条,密封胶条粘贴要平直,无间断,无褶皱,胶条不应在构件转角处搭接。

②各部位螺钉校紧,模具拼接部位不得有间隙,确保模具所有尺寸偏差控制在误差范围以内。组模时应仔细检查模板是否有损坏、缺件现象,损坏、缺件的模板应及时维修或者更换。

2.1.6　钢筋加工及安装

钢筋加工及安装工序流程:①材料验收→②钢筋下料→③钢筋桁架(叠合板中)制作→④钢筋安装。第①—③项在试验前完成,试验现场仅计入第④项工序时间。

1)材料下料

钢筋下料严格按照配料单进行,根据进场钢筋规格,应优化下料顺序及搭配,减少料头,提高钢筋使用率。要求:受力钢筋顺长度方向允许偏差为 ±5 mm。

2)钢筋桁架制作

在装配式建筑的叠合板制作过程中需要先制作钢筋桁架,钢筋桁架是由一根上弦钢筋,两根下弦钢筋和两侧腹杆钢筋经电阻焊接成截面为倒"V"字形的钢筋焊接骨架,如图2.9所示。

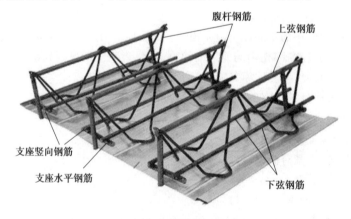

图2.9　钢筋桁架示意图

(1)上弦钢筋

定义:钢筋桁架上部的纵向直钢筋;根据设计图纸选用牌号和公称直径。

(2)下弦钢筋

定义:钢筋桁架下部的纵向直钢筋;根据设计选用牌号和公称直径。

（3）腹杆钢筋

定义：钢筋桁架中连接上下弦的钢筋；根据设计选用牌号和公称直径。

（4）节点间距

定义：上弦钢筋上相邻焊点（腹杆与弦的连接点）中点之间的距离；具体数值根据设计要求安排。

（5）高度

定义：下弦的最低点与上弦的最高点之间的垂直距离为桁架设计高度；具体数值根据设计要求安排。

（6）设计宽度

定义：下弦钢筋外表面之间的最小距离；具体数值根据设计要求安排。

（7）伸出长度

定义：腹杆钢筋高于上弦最高点的垂直距离为桁架上伸出长度，腹杆钢筋低于下弦最低点的垂直距离为桁架下伸出长度；具体数值根据设计要求安排，有时取值可能为零。

（8）长度

定义：上（或下）弦的长度；具体数值根据设计要求安排。

（9）钢筋桁架的尺寸、重量和允许偏差

钢筋桁架的尺寸、重量和允许偏差的应符合表 2.1 规定。

表 2.1　钢筋桁架的尺寸、重量和允许偏差

名　称	数　值	允许偏差
长度	2 000 ~ 14 000 mm，数值为 200 mm 的整数倍	总长度的 ±0.3%，且不超过 ±30 mm
设计高度	70 ~ 270 mm，数值为 10 mm 的整数	+1 mm 和 −3 mm
设计宽度	80 ~ 110 mm，数值为 10 mm 的整数倍	±7.5 mm
伸出长度	协商确定	0 ~ 4 mm
上弦焊点间距	推荐 200 mm	±2.5 mm
理论重量	—	±7.0%

（10）性能要求

①钢筋桁架用钢筋的力学与工艺性能应分别符合相应标准的规定。

②钢筋桁架焊点的抗剪力应不小于腹杆钢筋规定屈服力值的 0.6 倍。

（11）表面质量

①每件制品的上弦不得开焊，下弦焊点开焊数量不应超过下弦焊点总数的 4%，且相邻两焊点不得有连续开焊现象。

②焊点处熔化金属应均匀。

③焊点应无裂纹、多孔性缺陷和明显的烧伤现象。

④只要性能符合要求，钢筋表面浮锈和因矫直造成的钢筋表面轻微损伤不作为拒收的理由。

3）钢筋绑扎安装

将成型的钢筋按图纸进行绑扎（图 2.10），绑扎用火烧铁丝，绑扎应牢固，绑丝头应压入钢筋骨架内侧。要求：

①钢筋安装时，受力钢筋的牌号、规格和数量必须符合设计要求。

检查数量：全数检查。

检验方法：观察，尺量。

②受力钢筋的安装位置、锚固方式应符合设计要求。

检查数量：全数检查。

检验方法：观察，尺量。

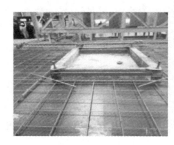

图 2.10　钢筋安装

③钢筋安装偏差及检验方法应符合表 2.2 的规定。

表 2.2　钢筋安装偏差及检验方法

项　目		允许偏差/mm	检验方法
绑扎钢筋网	长、宽	±10	尺量
	网眼尺寸	±20	尺量连续 3 档,取最大偏差值
绑扎钢筋骨架	长	±10	尺量
	宽、高	±5	尺量
纵向受力钢筋	锚固长度	−20	尺量
	间距	±10	尺量两端。中间各一点,取最大偏差值
	排距	±5	尺量
纵向受力钢筋、箍筋的混凝土保护层厚度	基础	±10	尺量
	柱、梁	±5	尺量
	板、墙、壳	±3	尺量
绑扎钢筋、横向钢筋间距		±20	尺量,连续 3 档,取最大偏差值
钢筋弯起点位置		20	尺量,沿纵、横两个方向量测,并取其中偏差的较大值
预埋件	中心线位置	5	尺量

梁板类构件上部受力钢筋保护层厚度的合格点率应达到 90% 及以上,且不得有超过表中数值 1.5 倍的尺寸偏差。

检查数量:在同一检验批内,对梁、柱和独立基础,应抽查构件数量的 10% ,且不应少于 3 件;对墙和板,应按有代表性的自然间抽查 10% ,且不应少于 3 间;对大空间结构,墙可按相邻轴线间高度 5 左右划分检查面,板可按纵、横轴线划分检查面,抽查 10% ,且均不应少于 3 面。

值得注意的是,按照图纸要求进行领料备料,保证钢筋规格正确,无严重锈蚀。裁剪网片,按制筋图裁剪、拼接网片,预埋无干涉,门窗钢筋保护层厚度满足要求。墙板四周及门窗四周的加强筋与网片绑扎,窗角布置抗裂钢筋。拼接的网片需绑扎在一起,抗裂钢筋绑扎在加强筋结合处。按照 4 个/m² 来布置保护层垫块,保证保护层厚度。网片与网片搭接需重合 300 mm 以上或一格网格以上。所有钢筋必须保证 20 ~ 25 mm 混凝土保护层,任何端头不能接触台车面。扎丝绑扎方向一致朝上,加强筋需进行满扎。绑扎完清理台车,按图检查是否漏扎错扎。

钢筋骨架、钢筋网片和预埋件必须严格按照构件加工图及下料单要求制作。首件钢筋制作,必须通知技术、质检及相关部门检查验收,制作过程中应当定期、定量检查,对于不符合设计要求及超过允许偏差的一律不得使用,按废料处理。纵向钢筋(带灌浆套筒)及需要套丝的钢筋,不得使用切断机下料,必须保证钢筋两端平整,套丝长度、丝距及角度必须严格按照设计图纸要求。纵向钢筋(采用半灌浆套筒)按产品要求套丝,梁底部纵筋(直螺纹套筒连接)按照国家标准要求套丝,套丝机应当指定专人且有经验的工人操作,质检人员须按相关规定进行抽检。

2.1.7　混凝土浇筑

技术人员将模台移动至相应工位。

先进行材料预检,混凝土浇筑前的预检应符合图纸和有关技术规定并有可靠措施。检查内容如下:

①安装后的模板外形和几何尺寸。

②钢筋、钢筋骨架、钢筋网片、吊环的级别、规格、型号、数量及其位置。

③主筋保护层。

④预埋件、预留孔的位置及数量。

⑤其他有关有技术要求。

1)混凝土灌入布料机

当混凝土灌入量较大时宜采用混凝土浇灌料斗进行浇灌注。混凝土浇灌料斗是混凝土水平和垂直运输的一种转运工具,料斗形式有多样,一般料斗容量为 0.5 ~ 1.0 m³,国外最大可达 3 m³,出料口不小于 30 cm × 40 cm,由斗门开启大小控制下料量。目前一般采用图 2.11 所示的形式,此种料斗落地后平放在地面上,混凝土由泵送车或翻斗车运来后,倾翻在料斗内,然后由吊车吊起,混凝土流向料斗前部,以便于受料和浇注。

图 2.11　混凝土浇灌料斗

现今,越来越多的工地使用泵送混凝土,混凝土的浇注可以直接通过输送管道进行。输送管道可用刚性管或者重型的柔性软管制作。后者与刚性管的使用不一样,因为它对混凝土的输送会造成较大的阻力,但可用于刚性管道的弯曲处和活动构架处,以及需要柔软性的其他地方。输送管或软管的材料应是较轻的耐磨抗蚀材料,并且不应与混凝土起反应。

在预制构件厂车间内,一般采用布料机浇注。根据布料机布料方式的不同分为抽板式布料机、振动式布料机和滚耙式布料机等不同形式。布料机料斗有效容积应小于成型制品所需混凝土最大容积的 1.1 ~ 1.2 倍。并随着预制构件生产机械化水平不断提高,除常用的门架式布料机(图 2.12)外,还有不同形式的悬臂式布料机。

图 2.12　门架式布料机

2）布料机布料

技术人员将布料机移动至指定位置开始布料（图 2.13）。布料机按设定路线均匀移动完成布料。

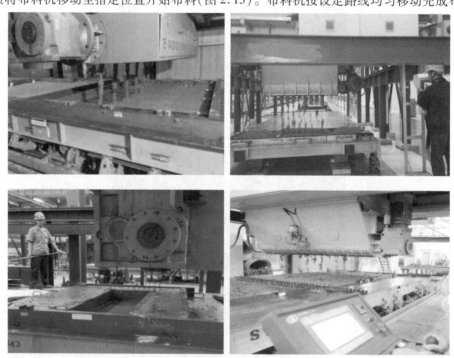

图 2.13　布料机布料

布料完成后由技术人员进行观察以检验布料是否均匀，如有特别不均匀处，需要人工进行处理甚至二次布料。

要求：应保证混凝土均匀填满模板内空间，四边四角无空隙，表面最高最低处高差不超过 50 mm。

与此同时进行试块制作：同种配合比的混凝土每工作班取样一次，做抗压强度试块不少于 4 组（每组 3 块），分别代表出模强度、出厂强度及 28 d 强度，一组同条件备用。试块与构件同时制作，同条件蒸汽养护，构件脱模前由试验室进行混凝土试块抗压试验并出具混凝土抗压强度报告。

2.1.8　振捣

混凝土浇注入模后呈松散状态,其中含有占混凝土体积5%~20%的空洞和气泡,只有通过合适的密实成型工艺,才能使混凝土填充到模板的各个角落和钢筋的周围,并排除混凝土内部的空隙或残留的空气,使混凝土密实平整。目前,混凝土及其制品的密实成型工艺主要有振动密实成型、压制密实成型、离心脱水密实成型、真空脱水密实成型等。其中以振动密实成型应用最为广泛,这种方法设备简单,效果较好,能保证混凝土达到良好的密实度;也可以采用干硬性混凝土,从而节约水泥的用量;并且振动可以加速水泥的水化作用,使混凝土的早期强度增长速度加快。不过此法有噪声大、能耗大等不足之处。

1)混凝土拌合物的振动密实原理

振动密实混凝土是振动设备产生的振动能量通过一定的方式传递给已浇注入模的混凝土,使之内部发生变化以达到密实的方法。混凝土拌合物在浇注后不久,由于水化反应还处于初期,拌和物内主要是由粗细不均的固体颗粒堆积而成,在静止状态下,如加以振动,拌合物就开始流动,其原因在于下述几点。

(1)颗粒间黏结力的破坏

拌合物中存在大量连通的微小孔隙,从而组成错综复杂的微小通道,由于部分自由水的存在,在孔隙中的水和空气界面上就产生了表面张力,从而使粒子相互靠近,形成了一定的塑性强度,也即产生了颗粒间的黏结力,在振动作用下,颗粒的接触点松开,破坏了微小通道,释放出部分自由水,从而破坏了颗粒间的黏结力,使拌合物易于流动。

(2)水泥胶体的触变作用

胶体粒子扩散层中的弱结合水由于受到荷电粒子的作用而吸附于胶体粒子表面,当受到外力干扰时,这部分水解吸附,变成自由水,使拌和物呈现塑性性质,即触变作用使胶体由凝胶转变为溶胶。由于拌合物中颗粒粒子的直接接触,其机械啮合力和内摩擦力较大,在振动所做功的不断冲击下,颗粒间的接触点松开,从而降低了颗粒间的摩擦力和黏结力,破坏了原来的堆积构架,使混凝土出现"液化"。国外通过剪力盒试验表明,拌合物在振动时的内摩擦力仅为不振时的5%。因此在振动力作用下,拌和物中的粗骨料将发生相互滑动,空隙被水泥砂浆填满,气泡被排出,拌和物能流动到模板中的各个角落,从而获得较高的密实度和所需的尺寸形状。

由于上述原因,振动作用实质上是使拌合物的内阻大大降低,释放出部分吸附水和自由水,从而使拌合物部分或全部液化。

2)振动参数和振动制度

振动密实的效果和生产率,与振动器的类型和工作方式(插入振动或表面振动)、振动参数和制度(频率、振幅、速度、加速度、振动延续时间等)以及混凝土性质有密切的关系。

振动频率和振幅是振动的两个基本参数,对于一定的混凝土拌合物,振幅和频率数值应该选择得相互协调,保证颗粒在振动中逐步衰减。振幅与拌合物的颗粒大小及和易性有关,振幅过小或过大都会降低振动效果。如果振幅偏小,粗颗粒不起振,拌合物不足以振实;振幅偏大,则易使振动转化为跳跃捣击,而不再是谐振运动,拌合物内部会产生涡流,这样不仅降低了振动效率,而且会使拌合物出现分层现象,跳跃过程中会吸入大量空气,降低混凝土性能。一般振幅取值为0.1~0.4 mm,对于干硬性拌和物可适当提高。

如果强迫振动的频率接近混凝土拌合物的固有频率,则产生共振,这时振动波的衰减最小,振幅可达最大。根据这个原理,可确定合适的频率,从而提高振动效率。

2.1.9　预养护

混凝土拌合物经浇注振捣密实后,逐步硬化并形成内部结构,为使已密实成型的混凝土能正常完成水泥的水化反应,获得所需的物理力学性能及耐久性指标的工艺措施称为混凝土的养护工艺。足够的湿度和适宜的温度是混凝土硬化所必须的条件,也是保证工程质量的基本要素,在夏季,如果不采取适当的养护措施,混凝土表面的水分就会不断蒸发,出现塑性裂缝;在冬季,如果不采取适当的措施,当温度低于标准温度时,水泥水化就会减慢甚至停止。因此,混凝土浇筑密实后的养护十分重要,养护过程中主要应建立水化或水热合成反应所需要的介质温度及湿度条件,并力求降低能耗。混凝土构件初凝前进行预养护,主要是为下一步抹光、拉毛做准备。

2.1.10　抹光、拉毛

混凝土构件预养护完成后,抹光是保证构件平整度的把关工序(图 2.14)。为达到要求的平整度,采取"量""抹"结合的人工精修方法。"量"即用具有标准线且不易变形的铝合金直尺,紧贴模板顶面进行拉锯式搓刮,一边横向搓、一边纵向刮移,做最后一次检测混凝土顶面的平整度。一旦发现误差较大,应立即进行修补。搓刮后即可用直尺于两侧边部及中间 3 处紧贴浆面各轻按一下,低凹处不出现压痕或印痕不明显,较高处印痕较深,据此进行找补精平。"抹"即人工用抹子将表面抹平。分两次进行,先找补精平,待混凝土表面收浆无泌水时,再做第二次精抹,以达到规范要求的平整度要求。

图 2.14　混凝土表面处理

拉毛是增加构件表面接触面积和构件间摩擦力的重要措施之一。其制作一般采用拉毛方式进行。现采用压纹机进行拉毛,拉毛时保持纹理均匀、顺直、深度适宜;拉毛以混凝土表面无波纹水迹、混凝土初凝前较为合适。过早和过晚都会影响制作质量。收水抹面及拉毛操作的好坏,可直接影响到平整度、粗糙度和抗磨性能,混凝土终凝前必须收水抹面。

2.1.11　养护

混凝土养护一般可分为标准养护、自然养护和快速养护。

1)标准养护

在温度为(20±3)℃、相对湿度为90%以上的潮湿环境或水中的条件下进行的养护称为标准养护,这是目前试验室常用的方法。

2)自然养护

在自然气候条件(平均气温高于5 ℃)的情况下,于一定时间内采取浇水润湿或防风、防干、保温、防冻等措施养护,称为自然养护。自然养护主要有覆盖浇水养护和表面密封养护两种。覆盖浇水养护就是在混凝土表面覆盖草垫等遮盖物,并定期浇水以保持湿润。浇水养护简单易行、费用少,是现场最普遍采用的养护方法。表面密封养护是利用混凝土表面养护剂在混凝土表面形成一层养护膜,从而阻止自由水的蒸发,保证水泥充分水化。这种方法主要适用于不易浇水养护的高耸构筑物或大面积混凝土结构,可以节省人力。

3)快速养护

标准养护及自然养护时混凝土硬化缓慢,因此凡能加速混凝土强度发展过程的工艺措施,均属于快速养护。快速养护时,在确保产品质量和节约能源的条件下,应满足不同生产阶段对强度的要求,如脱模强度、放张强度等。这种养护在混凝土制品生产中占有重要地位,是继搅拌及密实成型之后,保证混凝土内部结构和性能指标的决定性工艺环节,采用快速养护有利于缩短生产周期,提高设备的利用率,降低产品成本,快速养护按其作用的实质可分为热养护法、化学促硬法、机械作用法及复合法。

(1)热养护法

热养护是利用外界热源加热混凝土,以加速水泥水化反应的方法,它可分为湿热养护、干热养护和干-湿热养护3种。湿热养护法(图2.15),以相对湿度90%以上的热介质加热混凝土,升温过程中仅有冷凝而无蒸发过程发生,随介质压力的不同,湿热养护又有常压、无压、微压及高压湿热养护之分。干热养护时,制品可不与热介质直接接触,或以低湿介质升温加热,升温过程中则以蒸发过程为主。热养护是快速养护的主要方法,效果显著,不过能耗较大,而干-湿热养护介于两者之间。

图2.15　混凝土的热养护

(2)化学促硬法

化学促硬法是用化学外加剂或早强快硬水泥来加速混凝土强度的发展过程,简便易行,节约能源。

(3)机械作用法

机械作用法是以活化水泥浆、强化搅拌混凝土拌合物、强制成型低水灰比干硬性混凝土及机械脱水密实成型促使混凝土早强的方法。该法设备复杂,能耗较大。

(4)复合法

在装配式生产线应用中,提倡将多种工艺措施合理综合运用,如热养护和促硬剂、热拌热模和外加剂等,力求获得最大的技术经济效益。

2.1.12　拆模

养护完成后,拆除构件上面及各个挡边上的套筒固定螺栓及剪力键。拉起连接筋,去除预埋的挤塑板,卸下上档边螺栓。然后拆除上挡边,用回弹仪测试墙板强度是否达到脱模要求。最后拿出波胶,拆除橡胶垫块,然后拆除内膜挡边,如图 2.16 所示。

图 2.16　拆模

拆模时的注意事项有下述几点。

①套筒螺纹不能堵塞。

②回弹仪测试 PC 构件强度时最少测试 10 个点,强度应达到相应起吊强度。

③拆除挡边时不能损坏墙板边角、模具及台车面。

④拆下的挡边需要整齐码放。

⑤吊索的水平夹角不宜小于60°。

2.1.13　翻板和吊装

预制构件养护至规定龄期后应进行翻板,然后吊装处理。翻板机是 PC 生产线用于墙板垂直脱模的设备,便于产品后期的存放、运输及吊装。该设备能使墙板的脱模更快速,避免了墙板在脱模时的开裂现象;脱模后墙板使用垂直存放,能更有效地利用厂房的存放空间。并且翻板机可在旋转过程中使构件在任意角度停止,省去人工翻板的工序,只需板材翻转后用叉车叉走即可。省时省力,效率高,运行稳定平稳,安全易操作。

2.1.14　产品入库

预制构件经翻板吊装后入库堆放。装配式生产线生产的预制构件品类多,数量大,无论在生产还是施工现场均占用较大场地面积,合理有序地对构件进行入库分类堆放,可减少构件堆场使用面积,加强成品保护,加快运输进度。预制构件的堆放应按规范要求进行,确保预制构件在使用之前不受破坏,运输及吊装时能快速、便捷找到对应构件为基本原则。

1）场地要求

①生产线场地出入口不宜小于 6 m,场地内道路宽度应满足构件运输车辆双向开行及卸货吊车的支设空间。

②预制构件的存放场地宜为混凝土硬化地面或经人工处理的自然地坪,应满足平整度和地基承载力要求,并应有排水措施。

③堆放预制构件时应使构件与地面之间留有一定的空隙,避免与地面直接接触,须搁置于木头或软性材料上(如塑料垫片),堆放构件的支垫应坚实牢靠,且表面有防止污染构件的措施。

④预制构件的堆放场地选择应满足吊装设备的有效起重范围,尽量避免出现二次吊运,以免造成工期延误及费用增加。场地大小选择应根据构件数量、尺寸及安装计划综合确定。

⑤预制构件应按规格型号,出厂日期、使用部位、吊装顺序分类存放,编号清晰。不同类型构件之间应留有不少于 0.7 m 的人行通道。

⑥预制构件存放区域 2 m 范围内不应进行电焊、气焊作业,以免污染产品。露天堆放时,预制构件的预埋铁件应有防止锈蚀的措施,易积水的预留、预埋空洞等应采取封堵措施。

⑦预制构件应采用合理的防潮、防雨、防边角损伤措施,堆放边角处应设置明显的警示隔离标识,防止车辆或机械设备碰撞。

2）堆放方式

构件堆放方法主要有平放和立(竖)放两种(图 2.17),具体选择时应根据构件的刚度及受力情况区分,通常情况下,梁、柱等细长构件宜水平堆放,且有不少于 2 条垫木支撑;墙板宜采用托架立放,上部两点支撑;楼板、楼梯、阳台板等构件宜水平叠放,叠放层数应根据构件与垫木或垫块的承载力及堆垛的稳定性确定,必要时应设置防止构件倾覆的支架。叠合板预制底板水平叠放层数不应大于 6 层;预制阳台水平叠放层数不应大于 4 层,预制楼梯水平叠放层数不应大于 6 层。

图 2.17　入库存放

（1）平放时的注意事项

①对于宽度不大于 500 mm 的构件,宜采用通长垫木,宽度大于 500 mm 的构件,可采用不通长垫木,放上构件后可在上面放置同样的垫木,若构件受场地条件限制需增加堆放层数须经承载力验算。

②垫木上下位置之间如存在错位,构件除了承受垂直荷载,还要承受弯曲应力和 剪切力,所以必须放置在

同一条线上。

③构件平放时应使吊环向上标识向外,便于查找及吊运。

(2)竖放时的注意事项

①立放可分为插放和靠放两种方式,插放时场地必须清理干净,插放架必须牢固,挂钩应扶稳构件,垂直落地,靠放时应有牢固的靠放架,必须对称靠放和吊运,其倾斜度应保持大于80°,构件上部用垫块隔开。

②构件的断面高宽比大于2.5时,堆放时下部应加支撑或有坚固的堆放架,上部应拉牢固定,避免倾倒。

③要将地面压实并铺上混凝土等,铺设路面要整修为粗糙面,防止脚手架滑动。

④柱和梁等立体构件要根据各自的形状和配筋选择合适的储存方法。

(3)其他

因装配式 PC 生产线所生产的各种类型预制构件的受力不同,因此各构件的入库堆放质量要求也是各不相同。

①预制剪力墙入库堆放。

墙板垂直立放时,宜采用专用 A 字架形式插放或对称靠放,长期靠放时必须加安全塑料带捆绑或钢索固定,支架应有足够的刚度,并支垫稳固。墙板直立存放时必须考虑上下左右不得摇晃,且须考虑地震时是否稳固。预制外挂墙板外饰面朝内,墙板搁置尽量避免与刚性支架直接接触,以枕木或者软性垫片加以分隔以避免碰坏墙板,并将墙板底部垫上枕木或者软性的垫片。

②预制梁、柱入库堆放。

预制梁、柱等细长构件宜水平堆放,预埋吊装孔表面朝上,高度不宜超过2层,且不宜超过2.0 m,实心梁、柱须于两端0.2 ~ 0.25 L间垫上枕木,底部支撑高度不小于100 mm,若为叠合梁,则须将枕木垫于实心处,不可让薄壁部位受力。

③预制板类构件入库堆放。

预制板类构件可采用叠放方式存放,其叠放高度应按构件强度、地面耐压力、垫木强度以及垛堆的稳定而确定,构件层与层之间应垫平、垫实,各层支垫应上下对齐,最下面一层支垫应通长设置,一般情况下,叠放层数不宜大于5层,吊环向上,标志向外,混凝土养护期未满的应继续洒水养护。

④预制楼梯或阳台入库堆放。

楼梯或异形构件若需堆置两层时,必须考虑支撑稳固性,且高度不宜过高,必要时应设置堆置架以确保堆置安全。

2.2　装配式建筑 PC 构件产品质量要求

2.2.1　预制混凝土楼板质量要求

预制混凝土楼板包括预制实心混凝土板、预制混凝土叠合板。预制混凝土叠合板最常见的主要有两种,一种是桁架钢筋混凝土叠合板(图2.18),另一种是预制预应力混凝土叠合板,包括预制实心平底板混凝土叠合板、预制带肋底板混凝土叠合板和预制空心底板混凝土叠合板等。

预制混凝土楼板的质量控制如下所述。

1)主控项目

①进入现场的预制楼板,其外观质量、尺寸偏差及结构性能应符合标准图或设计要求。

②预制楼板与结构之间的连接应符合设计要求。连接处钢筋或埋件采用焊接或机构连接时,接头质量应符合国家标准《钢筋焊接及验收规程》(JGJ 18—2012)、《钢筋机械连接技术规程》(JGJ 107—2016)的要求。

③承受内力的接头和拼缝,当其混凝土强度未达到设计要求时,不得吊装上一层结构构件;当设计无具体要求时,应在混凝土强度不小于10 N/mm² 或具有足够的支撑时方可吊装上一层构件。已安装完毕的预制楼板,应在混凝土强度达到设计要求后,方可承受全部设计荷载。

图 2.18 预制混凝土叠合楼板

2）一般项目

①预制楼板码放和运输时的支撑位置和方法应符合标准图或设计要求。

②预制楼板吊装前，应按设计要求在构件和相应的支承结构上标出中心线、标高等控制尺寸，按标准图或设计文件校核预埋件及连接钢筋等，并作出标志。

③预制楼板应按标准图或设计的要求吊装。起吊时绳索与构件水平面的夹角不宜小于45°，否则应采用吊架。

④预制楼板安装就位后，应采取保证构件稳定的临时固定措施，并应根据水准点和轴线校正位置。

2.2.2 预制楼梯质量要求

预制混凝土楼梯按其构造方式可分为梁承式、墙承式和墙悬臂式等类型。目前常用预制楼梯为预制钢筋混凝土板式双跑楼梯和剪刀楼梯，其在工厂预制完成（图 2.19），在现场进行吊装。预制楼梯具有下述优点。

①预制楼梯安装后可作为施工通道。

②预制楼梯受力明确，地震时支座不会受弯破坏，保证了逃生通道，同时楼梯不会对梁柱造成伤害。

图 2.19 预制楼梯

预制楼梯使用的模具是一种可以进行尺寸调节的精密钢制模具。可满足不同尺寸的楼梯预制使用，模具由底模、侧模和端模组成。楼梯模板为钢材制作，可回收利用，模板组装简便，周转次数高，一套模具可生产400件以上的梯段。预制楼梯模具可采用立式浇筑模具、卧式浇筑模具和一体式环绕浇筑模具3种，其中，采用立式浇筑模具预制楼梯，楼梯成型质量好，不需要二次装饰，可有效防止楼梯因二次装饰而产生的空鼓开裂等质量通病；采用卧式浇筑模具预制楼梯，模具安装拆卸时间长，且楼梯下沿面需要手工磨平；一体式环绕浇筑模具一般用于螺旋楼梯的预制。

楼梯构件的制作应遵循设计方案进行操作，严格控制构件制作误差，确保结构的质量和精度。根据图纸和钢筋下料表对钢筋进行切断、弯曲等加工工序，并绑扎成型。浇筑前检查钢筋笼和预埋件位置是否正确，混凝土拌合物入模温度不应低于5 ℃，且不应高于35 ℃。混凝土应分层浇筑，分层厚度不大于500 mm。在混凝土运输、输送入模的过程中应使混凝土连续浇筑，以保证其均匀性和密实性。混凝土振捣可采用插入式振动棒或附着振动器,必要时可采用人工辅助振捣。采用自然养护或蒸汽养护的方法,楼梯拆模后应按时浇水保持一定湿度,使其强度正常发展。混凝土浇筑后,在混凝土初凝前和终凝前,分别对混凝土裸露表面进行抹面处理。楼梯拆模起吊前检验同条件养护的混凝土试块强度,平均抗压强度达到或超过 15 MPa 方可脱模,否则继续进行养护。楼梯构件采用吊梁起吊。产品拆模后吊至指定存放地点,在混凝土表面刷缓凝剂处洗刷出抗剪粗糙面。脱模后对构件产生的不影响结构性能、钢筋、预埋件的局部破损和构件表面的非受力裂缝,用修补浆料对表面或裂缝进行修补。

预制楼梯在堆放时应水平分层、分型号(左、右)码垛,每垛不超过 5 块,最下面一根垫木应通长,层与层之间应垫平、垫实,各层垫木在一条垂直线上,支点一般为吊装点位置。垫木应避开楼梯薄板处,在垫木外套塑料布,避免接触面损坏。

2.2.3　预制梁质量要求

预制混凝土梁根据制作工艺不同可分为预制实心梁、预制叠合梁(图 2.20)和预制梁 3 类。预制实心梁制作简单,构件自重较大,多用于厂房和多层建筑中。预制叠合梁便于预制柱和叠合楼板连接,整体性较强,应用十分广泛。预制梁壳通常用于梁截面较大或起吊重量受到限制的情况,优点是便于现场钢筋的绑扎,缺点是预制工艺较复杂。

预制叠合梁若在两端制成 U 形键槽,可实现主梁与次梁的整体性连接,结构更为安全牢固。另外,预制梁的两端无钢筋外露,减少了梁的钢筋用量,降低了运输和安装的难度,较大幅度地提高了施工效率。带 U 形键槽的预制梁构造如图 2.21 所示。

图 2.20　预制叠合梁　　　　　　　　　　　　图 2.21　带 U 形键槽的预制梁构造

在预制梁的过程中也可施加预应力,使梁成为预制预应力混凝土梁,该梁集合了预应力技术节省钢筋、易于安装的特点,生产效率高、施工速度快,在大跨度全预制多层框架结构厂房中具有良好的经济性。

2.2.4　预制柱质量要求

从制造工艺上看,预制混凝土柱包括全预制柱和叠合柱两种形式,如图 2.22 所示。预制混凝土柱的外观多种多样,包括矩形、圆形和工字形等。在满足运输和安装要求的前提下,预制柱可采用单节柱或多节柱,柱的长度可达到 12 m 或更长。每节柱长度为一个层高,有利于柱垂直度的控制调节,实现了制作、运输、吊装环节的标准化操作,简单、易行,易于质量控制。一般高程建筑柱采用单节柱,不宜采用多节柱,其原因如下所述。

①多节柱的脱模、运输吊装、支撑都比较困难。

②多节柱的吊装过程中钢筋连接部位易变形,从而导致构件的垂直度难以控制。

③多节柱的梁柱节点区钢筋绑扎困难,以及混凝土浇筑密实性难以控制。可采用平模或立模制作预制柱,若采用平模浇筑柱子,会导致柱子的一个表面暴露在外(无模具表面)。如果柱子的各个表面都要求清水混凝土效果,那么无模具表面还须附加表面抹光工作。其中,对于圆形截面柱如果采用立模浇筑制作,只能生

产制作单节柱;圆形截面柱也能用平模水平浇筑,如同混凝土空心柱,采用离心成型混凝土方法生产制作,只是这种生产制作方式需要特种设备。

图 2.22　预制混凝土柱

在预制外立面柱的柱顶及预制外框架梁外侧设计与构件一体的预制混凝土模板,则现场无须再支外模板,可大大提高施工速度,如图 2.23(a)所示。预制柱的柱内钢筋采用螺纹钢筋,柱顶钢筋外露,柱底设置套筒,通过套筒连接实现柱的对接。由于预制装配框架柱钢筋的连接采用套筒连接,钢筋被浇筑在柱子内,配筋情况不易观察,拼装时,可能会发生框架柱钢筋在 X 向或 Y 向对接定位错误的情况,影响施工机械的使用效率。框架柱的钢筋接头处设置了定位钢筋和定位套筒,可以使现场施工人员迅速准确地确定预制柱的接头方位,如图 2.23(b)所示。

(a)外立面预制柱　　　　　　　(b)预制柱底部套筒设置

图 2.23　外立面预制柱与预制柱底部套筒

2.2.5　预制剪力墙质量要求

预制装配式剪力墙结构是由大型内外墙板以及叠合的楼板,以及一些预制的混凝土板材和构件装配而成,故又称为预制装配式大板结构(图 2.24)。在具有满足抗震设计和可靠节点连接的前提下,其力学模型相当于现浇混凝土剪力墙结构。一些预制的楼板大多是采用叠合的楼板。预制混凝土墙板种类有预制混凝土实心剪力墙墙板、预制混凝土夹心保温剪力墙板、预制混凝土双面叠合剪力墙板和预制混凝土外挂墙板等。预制外墙板主要采用的是实心和空心这样两种类型的墙板。

在对预制的空心墙板进行施工时,既需要保证结构构件连接的整体性和连接性,还要达到相应的抗震的设计要求,在相关的节点的设计方面要满足防止渗漏和热工等构件方面的要求。预制的实心墙板结构操作的关键环节是,怎样解决预制墙板之间的水平缝和竖向的接缝情况,以及水平受力钢级和竖向实际受力钢筋的连接问题。

图 2.24　预制剪力墙

2.3　装配式建筑 PC 构件生产过程产品质量控制

2.3.1　原材料进场质量控制

1）钢筋进场质量要求

①钢筋进场时,应按国家标准《钢筋混凝土用钢 第 1 部分:热轧光圆钢筋》(GB 1499.1—2017)、《钢筋混凝土用钢 第 2 部分:热轧带肋钢筋》(GB 1499.2—2018)、《钢筋混凝土用余热处理钢筋》(GB 13014—2013)、《钢筋混凝土用钢 第 3 部分:钢筋焊接网》(GB 1499.3—2010)、《冷轧带肋钢筋》(GB 13788—2017)及《冷轧带肋钢筋混凝土结构技术规程》(JGJ 95—2011)的规定抽取试件作屈服强度、抗拉强度、伸长率、弯曲性能和重量偏差检验,检验结果应符合相关标准的规定。

检验数量:按进场批次和产品的抽样检验方案确定。

检验方法:检查质量证明文件和抽样检验报告。

②成型钢筋进场时,应抽取试件作屈服强度、抗拉强度、伸长率和重量偏差检验,检验结果应符合国家现行相关标准的规定。

对由热轧钢筋制成的成型钢筋,当有施工单位或监理单位的代表驻厂监督生产过程,并提供原材钢筋力学性能第三方检验报告时,可仅进行重量偏差检验。

检查数量:同一厂家、同一类型、同一钢筋来源的成型钢筋,不超过 30 t 为一批,每批中每种钢筋牌号、规格均应至少抽取 1 个钢筋试件,总数不应少于 3 个。

检验方法:检查质量证明文件和抽样检验报告。

③对按一、二、三级抗震等级设计的框架和斜撑构件(含梯段)中的纵向受力普通钢筋应采用 HRB335E、HRB400E、HRB500E、HRBF335E、HRBF400E 或 HRBF500E 钢筋,其强度和最大力下总伸长率的实测值应符合下列规定:

a.抗拉强度实测值与屈服强度实测值的比值不应小于 1.25。

b.屈服强度实测值与屈服强度标准值的比值不应大于 1.30。

c.最大力下总伸长率不应小于 9%。

检查数量:按进场的批次和产品的抽样检验方案确定。

检验方法:检查抽样检验报告。

④钢筋应平直、无损伤、表面不得有裂纹、油污、颗粒状或片状老锈。

检查数量:全数检查。

检验方法:观察。

A.生产单位必须出具。

a.产品合格证原件(复印件限制使用且必须盖公章)。

b.产品备案证原件(复印件必须盖备案企业公章)。

c.生产许可证编号。

d.检验钢材生产厂家是否在当地建委发布的正规生产企业名录中。

B.检查该批钢筋。

a.产品名称、型号与规格、牌号。

b.生产日期、生产厂名、厂址、厂印及生产许可证编号。

c.具有检验人员与检验单位证章和机械、化学性能规定的技术数据。

d.采用的标准名称或代号。

e.螺纹钢筋表面必须有标志和附带的标牌。

f.合格证。

⑤外观检查,检查内容包括下述内容。

a.钢筋表面有无产品标识(钢筋强度等级、厂家名称缩写、符号、钢筋规格),标识是否准确规范。

b.钢筋外观有无颜色异常、锈蚀严重、规格实测超标、表面裂纹、重皮等。

2)混凝土进场质量要求

混凝土质量的波动性极大,受很多因素的影响,质量不均匀,必须严格质量控制与验收。

(1)混凝土组成材料进场质量控制和质量检验

①水泥:对所用水泥须检验其安定性和强度,对质量或质量证明有疑问时应检验其他性质。

②骨料:对骨料质量证明书有疑问时,应按批检验其颗粒级配、含泥量及粗骨料针片状颗粒的含量。对海沙,检验其氯盐含量,对含活性成分的骨料应专门试验。

(2)拌合物的质量检验和质量控制

①对计量装置应定期检验:水泥、水误差为 ±2%;粗细骨料误差为 ±3%。

②搅拌、运输和浇筑过程中的检查。

a.检查混凝土的组料的质量与用量,每一工作班至少两次。

b.检查混凝土在拌制地点及浇筑地点稠度(坍落度及保水性、黏聚性),每一工作站至少两次。评定时应以浇筑地点的检测值为准。预制厂如从出料至入模时间不超过 15 min,仅在搅拌站检测。

c.在搅拌时应随时检查。搅拌最短时间的规定。

d.从出料至浇筑完毕的持续时间的规定。

(3)混凝土强度的检验

按规定的时间与数量在搅拌地或浇筑地抽取不具代表性的试样,按标准方法制成试件,标养至龄期,进行检验。

强度低于立方体抗压强度标准值的百分率不得超过 5%。

(4)混凝土强度的合格评定

①混凝土强度平均值、标准差及保证率。

②统计方法评定。

a.标准差已知方案:混凝土在生产条件下长时间内保持一致,σ_0 为常数。

$$f_{cu} \geq f_{cu,k} + 0.7\sigma_0$$
$$f_{cu,min} \geq f_{cu,k} - 0.7\sigma_0$$

强度不高于 C20 时,还应满足 $f_{cu,min} \geq 0.85 f_{cu,k}$

强度高于 C20 时,还应满足 $f_{cu,min} \geq 0.90 f_{cu,k}$

σ_0 根据前一检验期内同一品种混凝土试件的强度数据,按下式计算:

$$\sigma_0 = \sum f_{cu,I}$$

上述检验期不应超过 3 个月,且在该期间内强度数据的总批数不得低于 15。

b. 当混凝土强度变异性不能保持稳定时,或前一个检验期内的同一品种混凝土没有足够的数据以确定验收批混凝土立方体抗压强度的标准差时,应由不少于 10 组试件组成一个验收批,其强度应满足下列要求:

$$f_{cu} - \lambda_1\sigma_0 \geq 0.9f_{cu,k}$$
$$f_{cu,min} \geq \lambda2f_{cu,k}$$

③非统计方法评定。

$$f_{cu} \geq 1.15f_{cu,k}$$
$$f_{cu,min} \geq 0.95f_{cu,k}$$

(5)其他需要满足的规范要求

①混凝土强度应按国家标准《混凝土强度检验评定标准》(GB/T 50107—2010)的规定分批检验评定。划入同一检验批的混凝土,其施工持续时间不宜超过 3 个月。

②检验评定混凝土强度时,应采用 28 d 或设计规定龄期的标准养护试件。

③试件成型方法及标准养护条件应符合国家标准《混凝土物理力学性能实验方法标准》(GB/T 50081—2019)的规定。采用蒸汽养护的构件,其试件应先随构件同条件养护,然后再置入标准养护条件下继续养护至 28 d 或设计规定龄期。

④当采用非标准尺寸试件时,应将其抗压强度乘以尺寸折算系数,折算成边长为 150 mm 的标准尺寸试件抗压强度。尺寸折算系数应按国家标准《混凝土强度检验评定标准》(GB/T 50107—2017)采用。

⑤当混凝土试件强度评定不合格时,可采用非破损或局部破损的检测方法,并按国家现行有关标准的规定对结构构件中的混凝土强度进行推定。

⑥混凝土有耐久性指标要求时,应按行业标准《混凝土耐久性检验评定标准》(JGJ/T 193—2009)的规定检验评定。大批量、连续生产的同一配合比混凝土,混凝土生产单位应提供基本性能实验报告。

⑦预拌混凝土的原材料质量、制备等应符合国家标准《预拌混凝土》(GB/T 14902—2012)的规定。

⑧预拌混凝土进场时,其质量应符合国家标准《预拌混凝土》(GB/T 14902—2012)的规定。

检查数量:全数检查。

检验方法:检查质量证明文件。

⑨混凝土拌合物不应离析。

检查数量:全数检查。

检验方法:观察。

⑩混凝土中氯离子含量和碱总含量应符合国家标准《混凝土结构设计规范(2015 年版)》(GB 50010—2010)的规定和设计要求。

检查数量:同一配合比的混凝土检查不应少于一次。

检验方法:检查原材料实验报告和氯离子、碱的总含量计算书。

⑪混凝土拌合物稠度应满足施工方案的要求。

检查数量:对同一配合比混凝土,取样应符合下列规定:

每拌制 100 盘且不超过 100 m³ 时,取样不得少于一次。

每工作班拌制不足 100 盘时,取样不得少于一次。

每次连续浇筑超过 1 000 m³ 时,每 200 m³ 取样不得少于一次。

每一楼层取样不得少于一次。

检验方法:检查稠度抽样检验记录。

⑫混凝土有耐久性指标要求时,应在施工现场随机抽取试件进行耐久性检验,其检验结果应符合国家现行有关标准的规定和设计要求。

检查数量:同一配合比的混凝土,取样不应少于一次,留置试件数量应符合国家标准《普通混凝土长期性能和耐久性能实验方法标准》(GB/T 50082—2009)和《混凝土耐久性检验评定标准》(JGJ/T 193—2009)的规定。

检验方法:检查试件耐久性实验报告。

⑬混凝土有抗冻要求时,应在施工现场进行混凝土含气量检验,其检验结果应符合国家现行有关标准的规定和设计要求。

检查数量:同一配合比的混凝土,取样不应少于一次,取样数量应符合国家标准《普通混凝土拌合物性能试验方法标准》(GB/T 50080—2016)的规定。

检验方法:检查混凝土含气量检验报告。

2.3.2　模台、模板清理质量控制

模台、模板清理时,要清理内、外框模具,用铁铲铲除表面的混凝土渣,漏出模具底色,注意模具端头清理干净。清理固定夹具、橡胶块、剪力键等夹具,其表面应干净无混凝土渣,注意定位端孔等难清理地方。用铁铲铲除黏接在台车面上的混凝土渣,重点注意模具布置区和固定螺栓干净无遗漏。

要求:

①钢模必须具有足够的刚度,以满足相应的强度和整体稳定性要求。

②便于支拆脱模。

③模台模板与混凝土接触的工作面应平整,无锈蚀斑点和麻坑。

2.3.3　涂脱模剂质量控制

隔离剂的品种和涂刷方法应符合施工方案的要求。隔离剂不得影响结构性能及装饰施工;不得沾污钢筋、预应力筋、预埋件和混凝土接槎处;不得对环境造成污染。

检查数量;全数检查。

检验方法:检查质量证明文件,观察。

具体要求见表2.3。

表 2.3　涂脱模剂质量要求(样表)

工艺流程		人　数	时间/s	过程描述	要　求	工艺质量特性		检查方法	文件/表单
涂刷辅料	脱模剂	—	—	把辅料均匀涂刷在配合区域内	涂抹均匀、无积存	配合面	—	目测	随工单、作业指导书、操作规程
	涂刷露骨料			涂刷侧边模配合面上下预留3 cm	涂刷均匀、无积存、无流淌、漏涂		—		
模具组装				1定位2吊至模台配合区3组装模具	按作业指导书安装	边长	±2	钢卷尺测量配合(四边及对角线)	
						对角线误差	3		

2.3.4　划线质量控制

划线要求:划线符合图纸要求,长度误差和宽度误差不超过 ±5 mm。

2.3.5　支模质量控制

支模质量控制要求如下所述。

①模板应根据安装、使用和拆除工况进行设计,并应满足承载力、刚度和整体稳固性要求。

②模板及支架用材料的技术指标应符合国家现行有关标准的规定。进场时应抽样检验模板和支架材料的外观、规格和尺寸。

检查数量:按国家现行相关标准的规定确定。

检验方法:检查质量证明文件,观察,尺量。

③模板安装质量应符合下列规定:

a. 模板的接缝应严密。

b. 模板内不应有杂物、积水或冰雪等。

c. 模板与混凝土的接触面应平整、清洁。

d. 用作模板的地坪、胎膜等应平整、清洁,不应有影响构件质量的下沉、裂缝、起砂或起鼓。

④固定在模板上的预埋件和预留孔洞不得遗漏,且应安装牢固。有抗渗要求的混凝土结构中的预埋件,应按设计及施工方案的要求采取防渗措施。

预埋件和预留孔洞的位置应满足设计和施工方案的要求。当设计无具体要求时,其位置偏差应符合表2.4的规定。

表 2.4　预埋件和预留孔洞的位置偏差

项　目		允许偏差/mm
预埋板中心线位置		±3
预埋管、预留孔中心线位置		±3
插筋	中心线位置	±5
	外露长度	+10,0
预埋螺栓	中心线位置	±2
	外露长度	+10,0
预留洞	中心线位置	±10
	尺寸	+10,0

检查数量:在同一检验批内,对梁、柱和独立基础,应抽查构件数量的10%,且不应少于3件;对墙和板,应按有代表性的自然间抽查10%,且不应少于3间;对大空间结构墙可按相邻轴线间高度5 m左右划分检查面,板可按纵、横轴线划分检查面,抽查10%,且均不应少于3面。

检验方法:观察,尺量。

⑤预制构件模板安装的偏差及检验方法应符合表2.5的规定。

表 2.5　预制构件模板安装的偏差及检验方法

项　目		允许偏差/mm	检验方法
长度	梁、板	±4	尺量两侧边,取其中较大值
	薄腹梁、桁架	±8	
	柱	0,−10	
	墙板	0,−5	

项　　目		允许偏差/mm	检验方法
宽度	板、墙板	0，−5	尺量两端及中部，取其中较大值
	薄腹梁、桁架	+2，−5	
高(厚)度	板	+2，−3	尺量两端及中部，取其中较大值
	墙板	0，−5	
	梁、薄腹梁、桁架、柱	+2，−5	
侧向弯曲	梁、板、柱	$L/1\,500$ 且 ≤15	拉线、尺量
	墙板、薄腹梁、桁架、	$L/1\,500$ 且 ≤15	最大弯曲处
板的袭面平整度		3	2 m 靠尺和塞尺量测
相邻两板表面高低差		1	尺量
对角线差	板	7	尺量两对角线
	墙板	5	
翘曲	板、墙板	$L/1\,500$	水平尺在两端量测
设计起拱	薄腹梁，桁架，梁	±3	拉线、尺量跨中

注:L 为构件长度,单位为 mm。

2.3.6　钢筋加工、连接及安装质量控制

1) 钢筋加工

根据《混凝土结构工程施工质量验收规范》(GB 50204—2015),对于主控项目要求:

(1)钢筋弯折的弯弧内直径应符合下述规定

①光圆钢筋,不应小于钢筋直径的 2.5 倍。

②335 MPa 级、400 MPa 级带肋钢筋,不应小于钢筋直径的 4 倍。

③500 MPa 级带肋钢筋,当直径为 28 mm 以下时不应小于钢筋直径的 6 倍,当直径为 28 mm 及以上时不应小于钢筋直径的 7 倍。

④箍筋弯折处尚不应小于纵向受力钢筋的直径。

检查数量:按每工作班同一类型钢筋、同一加工设备抽查不应少于 3 件。

检验方法:尺量。

(2)纵向受力钢筋的弯折后平直段长度应符合设计要求

光圆钢筋末端作 180°弯钩时,弯钩的平直段长度不应小于钢筋直径的 3 倍。

检查数量:按每工作班同一类型钢筋、同一加工设备抽查不应少于 3 件。

检验方法:尺量。

(3)箍筋、拉筋的末端应按设计要求作弯钩,并应符合下述规定

①对一般结构构件,箍筋弯钩的弯折角度不应小于 90°,弯折后平直段长度不应小于箍筋直径的 5 倍;对有抗震设防要求或设计有专门要求的结构构件,箍筋弯钩的弯折角度不应小于 135°,弯折后平直段长度不应小于箍筋直径的 10 倍。

②圆形箍筋的搭接长度不应小于其受拉锚固长度,且两末端弯钩的弯折角度不应小于 135°,弯折后平直段长度对一般结构构件不应小于箍筋直径的 5 倍,对有抗震设防要求的结构构件不应小于箍筋直径的 10 倍。

③梁、柱复合箍筋中的单肢箍筋两端弯钩的弯折角度均不应小于 135°,弯折后平直段长度应符合本条第 1 款对箍筋的有关规定。

检查数量:按每工作班同一类型钢筋、同一加工设备抽查不应少于 3 件。

检验方法:尺量。

(4)盘卷钢筋调直后应进行力学性能和重量偏差的检验

盘卷强度应符合国家现行有关标准的规定,其断后伸长率、重量偏差应符合表 2.6 的规定。力学性能和重量偏差检验应符合下列规定:

①3 个试件先进行重量偏差检验,再取其中 2 个试件进行力学性能检验。

②重量偏差应按下式计算:

$$\Delta = \frac{100(W_d - W_o)}{W_o}$$

式中　Δ——重量偏差,%;

W_d——3 个调直钢筋试件的实际重量之和,kg;

W_o——钢筋理论质量(kg),取每米理论重量(kg/m)与 3 个调直钢筋试件长度之和(m)的乘积。

③检验重量偏差时,试件切口应平滑并与长度方向垂直,其长度不应小于 500 mm;长度和重量的量测精度分别不应低于 1 mm 和 1 g。

采用无延伸功能的机械设备调直的钢筋,可不进行上述规定的检验。

表 2.6　盘卷钢筋调直后的断后伸长率、重量偏差要求

钢筋牌号	断后伸长率 A/%	重量偏差/%	
		直径 6～12 mm	直径 14～16 mm
HPB300	≥21	≥-10	—
HRB335,HRBF335	≥16	≥-8	≥-6
HRB400,HRBF400	≥15		
RRB400	≥13		
HRB500,HRBF500	≥14		

注:断后伸长率 A 的量测标距为 5 倍钢筋直径。

检查数量:同一加工设备、同一牌号、同一规格的调直钢筋,质量不大于 30 t 为一批,每批见证抽取 3 个试件。

检验方法:检查抽样检验报告。

根据《混凝土结构工程施工质量验收规范》(GB 50204—2015),对于一般项目要求:钢筋加工的形状、尺寸应符合设计要求,其偏差应符合表 2.7 的规定。

表 2.7　钢筋加工的允许偏差

项目	允许偏差/mm
受力钢筋沿长度方向的净尺寸	±10
弯起钢筋的弯折位置	±20
箍筋外廓尺寸	±5

检查数量:按每工作班同一类型钢筋、同一加工设备抽查不应少于 3 件。

检验方法:尺量。

2)钢筋连接

根据现行《混凝土结构工程施工质量验收规范》(GB 50204—2015),对于主控项目要求:

①钢筋的连接方式应符合设计要求。

检查数量:全数检查。

检验方法：观察。

②钢筋采用机械连接或焊接连接时,钢筋机械连接接头、焊接接头的力学性能、弯曲性能应符合国家现行相关标准的规定。接头试件应从工程实体中截取。

检查数量：按现行行业标准《钢筋机械连接技术规程》(JGJ 107—2016)和《钢筋焊接及验收规程》(JGJ 18—2012)的规定确定。

检验方法：检查质量证明文生和抽样检验报告。

③螺纹接头应检验拧紧扭矩值,挤压接头应量测压痕直径,检验结果应符合行业标准《钢筋机械连接技术规程》(JGJ 107—2016)的相关规定。

检查数量：按行业标准《钢筋机械连接技术规程》(JGJ 107—2016)的规定确定。

检验方法：采用专用扭力扳手或专用量规检查。

④钢筋接头的位置应符合设计和施工方案要求。有抗震设防要求的结构中,梁端、柱端箍筋加密区范围内不应进行钢筋搭接。接头末端至钢筋弯起点距离不应小于钢筋直径的 10 倍。

检查数量：全数检查。

检验方法：观察,尺量。

⑤钢筋机械连接接头、焊接接头的外观质量应符合行业标准《钢筋机械连接技术规程》(JGJ 107—2016)和《钢筋焊接及验收规程》(JGJ 18—2012)的规定。

检查数量：按行业标准《钢筋机械连接技术规程》(JGJ 107—2016)和《钢筋焊接及验收规程》(JGJ 18—2012)的规定确定。

检验方法：观察,尺量。

⑥当纵向受力钢筋采用机械连接接头或焊接接头时,同一连接区段内纵向受力钢筋的接头面积百分率应符合设计要求;当设计无具体要求时,应符合下列规定：

a. 受拉接头,不宜大于 50%;受压接头,可不受限制。

b. 直接承受动力荷载的结构构件中,不宜采用焊接;当采用机械连接时,不应超过 50%。

检查数量：在同一检验批内,对梁、柱和独立基础,应抽查构件数量的 10%,且不应少于 3 件;对墙和板,应按有代表性的自然间抽查 10%,且不应少于 3 间;对大空间结构,墙可按相邻轴线间高度 5 m 左右划分检查面,板可按纵横轴线划分检查面,抽查 10%,且均不应少于 3 面。

检验方法：观察,尺量。

注：a. 接头连接区段是指长度为 35d 且不小于 500 mm 的区段,d 为相互连接两根钢筋的直径较小值。

b. 同一连接区段内纵向受力钢筋接头面积百分率为接头中点位于该连接区段内的纵向受力钢筋截面面积与全部纵向受力钢筋截面面积的比值。

⑦当纵向受力钢筋采用绑扎搭接接头时,接头的设置应符合下述规定：

A. 接头的横向净间距不应小于钢筋直径,且不应小于 25 mm。

B. 同一连接区段内,纵向受拉钢筋的接头面积百分率应符合设计要求;当设计无具体要求时,应符合下列规定：

a. 梁类、板类及墙类构件,不宜超过 25%;基础筏板,不宜超过 50%。

b. 柱类构件,不宜超过 50%。

c. 当工程中确有必要增大接头面积百分率时,对梁类构件,不应大于 50%。

检查数量：在同一检验批内,对梁、柱和独立基础,应抽查构件数量的 10%,且不应少于 3 件;对墙和板,应按有代表性的自然间抽查 10%,且不应少于 3 间;对大空间结构,墙可按相邻轴线间高度 5 m 左右划分检查面,板可按纵横轴线划分检查面,抽查 10%,且均不应少于 3 面。

检验方法：观察,尺量。

注：a. 接头连接区段是指长度为 1.3 倍搭接长度的区段。搭接长度取相互连接两根钢筋中较小直径计算。

b. 同一连接区段内纵向受力钢筋接头面积百分率为接头中点位于该连接区段长度内的纵向受力钢筋截面面积与全部纵向受力钢筋截面面积的比值。

⑧梁、柱类构件的纵向受力钢筋搭接长度范围内箍筋的设置应符合设计要求;当设计无具体要求时,应符合下述规定:

A.箍筋直径不应小于搭接钢筋较大直径的 1/4。

B.受拉搭接区段的箍筋间距不应大于搭接钢筋较小直径的 5 倍,且不应大于 100 mm。

C.受压搭接区段的箍筋间距不应大于搭接钢筋较小直径的 10 倍,且不应大于 200 mm。

D.当柱中纵向受力钢筋直径大于 25 mm 时,应在搭接接头两个端面外 100 mm 范围内各设置 2 个箍筋,其间距宜为 50 mm。

检查数量:在同一检验批内,应抽查构件数量的 10%,且不应少于 3 件。

检验方法:观察,尺量。

3)钢筋安装

根据《混凝土结构工程施工质量验收规范》(GB 50204—2015),对于主控项目要求:

①钢筋安装时,受力钢筋的牌号、规格和数量必须符合设计要求。

检查数量:全数检查。

检验方法:观察,尺量。

②受力钢筋的安装位置、锚固方式应符合设计要求。

检查数量:全数检查。

检验方法:观察,尺量。

根据《混凝土结构工程施工质量验收规范》(GB 50204—2015),对于一般项目要求:

③钢筋安装偏差及检验方法应符合表 2.8 的规定。

表 2.8　钢筋安装允许偏差和检验方法

项　　目		允许偏差/mm	检验方法
绑扎钢筋网	长、宽	±10	尺量
	网眼尺寸	±20	尺量连续 3 档,取最大偏差值
绑扎钢筋骨架	长	±10	尺量
	宽、高	±5	尺量
纵向受力钢筋	锚固长度	−20	尺量
	间距	±10	尺量两端、中间各一点,取最大偏差值
	排距	±5	
纵向受力钢筋、箍筋的混凝土保护层厚度	基础	±10	尺量
	柱、梁	±5	尺量
	板、墙、壳	±3	尺量
绑扎箍筋、横向钢筋间距		±20	尺量连续 3 档,取最大偏差值
钢筋弯起点位置		20	尺量,沿纵、横两个方向量测,并取其中偏差的较大值
预埋件	中心线位置	5	尺量
	水平高差	+3,0	塞尺量测

梁板类构件上部受力钢筋保护层厚度的合格点率应达到 90% 及以上,且不得有超过表中数值 1.5 倍的尺寸检查。

检查数量:在同一检验批内,对梁、柱和独立基础,应抽查构件数量的 10%,且不少于 3 件;对墙和板,应按有代表性的自然间抽查 10%,且不少于 3 间;对大空间结构,墙可按相邻轴线间高度 5 m 左右划分检查面,板可按纵横轴线划分检查面,抽查 10%,且均不少于 3 面。

2.3.7　混凝土浇筑和振捣质量控制

混凝土浇筑和振捣质量控制要求如下所述。

（1）混凝土第一次浇筑及振捣

混凝土第一次浇筑及振捣的操作要点如下：

①浇筑前检查混凝土的坍落度是否符合要求，过大或过小都不允许使用，且要料时不准超过理论用量的2%。

②浇筑振捣时尽量避开埋件处，以免碰偏埋件。

③采用人工振捣方式，振捣至混凝土表面无明显气泡溢出，保证混凝土表面水平，无突出石子。

④浇筑时控制混凝土厚度，在达到设计要求时停止下料；工具使用后清理干净，整齐放入指定工具箱内。

（2）安装连接附件

将连接件通过经挤塑板预先加工好的通孔插入混凝土中，确保混凝土对连接件握裹严实，连接件的数量及位置根据图纸工艺要求，保证位置的偏差在要求的范围内。

（3）混凝土二次浇筑及振捣

混凝土二次浇筑及振捣应采用布料机自动布料，振捣时采用振捣棒进行人工振捣至混凝土表面无明显气泡后松开底模。

2.3.8　预养护质量控制

预制构件振捣完毕后进行预养护，根据凝结时间判断预养护是否符合相应质量要求。一般规定混凝土拌合物达到初凝后终凝前，强度达到1.2 MPa即可进行下一步工艺流程。具体要求见表2.9。

表 2.9　预养护质量要求

名　称	时　间	过程描述	过　程	工艺、质量特性		检查方法	文件/表单
				测量项目	预养温度		
预养	h	1.移动模台 2.构件入位 3.检查初凝	1.安全移动模台 2.记录入库时间	温度 湿度 时间	<40℃ 80% 1～3 h	1.移动区无人 2.入库1 h后，观察一次初凝状况	《作业指导书》《模台操作规程》《构件预养检验指导书》《预养检验记录》《随工单》

2.3.9　抹光、拉毛质量控制

①预制构件抹光质量控制要求：表面应密实、平整，不得有裂纹、起砂、麻面、粗骨料外露等缺陷。初步抹面需在混凝土整平后10 min进行，冬季施工还应延长时间。抹面机抹平后，有时再用拖光带横向轻轻拖拉几次。

检验方法：观察检查。

②预制构件拉毛质量控制要求：抹面后，当用示指稍微加压按下能出现2 mm左右深度的凹痕时，即为最佳拉毛时间，拉毛深度1～2 mm。拉毛时，拉纹器靠住模板，顺横坡方向进行，一次进行中，中途不得停留，这样拉毛纹理顺畅美观且形成沟通的沟槽而利于排水。

检验方法：观察检查。

2.3.10　养护及脱模质量控制

①预制构件浇筑完毕后应进行养护，并可根据预制构件特点和生产任务量选择自然养护、自然养护加养护剂或加热养护方式。

②脱模前的养护应符合下列规定：

a. 混凝土浇筑完毕或压面工序完成后及时覆盖。

b. 涂刷养护剂可在终凝后进行。

c. 热养护可选择蒸汽加热、电加热或模具加热等方式。

d. 热养护制度应通过试验确定,宜在常温下预养护 2 ~ 6 h,升、降温速度不宜超过 20 ℃/h,最高温度不宜超过 70 ℃,预制构件脱模时的表面温度与环境温度的差值不宜超过 25 ℃。

③预制构件脱模应符合下列规定：

a. 脱模时,同条件养护的混凝土试件抗压强度应符合设计要求,且不应小于 15 MPa。

b. 脱模顺序应与支模顺序相反进行,应先非承重模具后承重模具,先帮模再侧模和端模,最后底模。

c. 高宽比大于 2.5 的大型预制构件,应边脱模边加支撑避免预制构件倾倒。

④预制构件脱模时采用的吊具应符合下列规定：

a. 根据预制构件形状、尺寸、质量以及吊装和设计受力特征选择吊具、卡具、索具、托架和支撑等吊装和固定措施。

b. 按现行国家标准的规定进行设计验算或试验检验,经验证合格后方可使用。

c. 构件多吊点起吊时,应保证各个吊点受力均匀。

d. 吊装过程中,吊索水平夹角不宜小于 60°且不应小于 45°,尺寸较大或形状复杂的预制构件应使用分配梁或分配桁架类吊具,并应保证吊车主钩位置、吊具及预制构件重心在垂直方向重合。

e. 水平反打的墙板、挂板和管片类预制构件,宜采用翻板机翻转或直立后再行起吊。

⑤预制构件脱模后的养护应符合下列规定：

a. 预制构件脱模后可继续养护,养护可采用水养、洒水、覆盖和涂刷养护剂等一种或几种相结合的方式。

b. 水养和洒水养护的养护用水不应使用回收水。水中养护应避免预制构件与养护池水有过大的温差;预制构件表面洒水养护应覆盖,洒水养护次数以能保持预制构件表面处于润湿状态为度。

c. 当不具备水养、洒水养护条件或当日平均气温低于 5 ℃时,可采用涂刷养护剂方式进行养护;养护剂不得影响预制构件与现浇混凝土面的结合强度。

2.3.11　翻板、吊装质量控制

预制构件在翻板过程前要严格检查构件固定的可靠度,防止翻板过程中发生构件倾覆事件。翻板过程中注意翻板角度是否符合要求,有无偏差现象。

检查方法：观察检查。

预制构件在吊装前应注意起吊点是否符合要求,起吊位置应位于便于施工且受剪力较小位置。

检查方法：观察检查。

2.3.12　产品入库质量控制

根据《混凝土结构工程施工质量验收规范》(GB 50204—2015)对预制构件要求,对于主控项目来言：

①预制构件的质量应符合本规范、国家现行相关标准的规定和设计的要求。

检查数量：全数检查。

检验方法：检查质量证明文件或质量验收记录。

②混凝土预制构件专业生产线生产的预制构件入库时,预制构件结构性能检验应符合下列规定：

a. 梁板类简支受弯预制构件进场时应进行结构性能检验,并应符合下列规定：

● 结构性能检验应符合国家现行相关标准的有关规定及设计的要求,检验要求和试验方法应符合本规范附录 B 的规定。

● 钢筋混凝土构件和允许出现裂缝的预应力混凝土构件应进行承载力、挠度和裂缝宽度检验;不允许出现裂缝的预应力混凝土构件应进行承载力、挠度和抗裂检验。

● 对大型构件及有可靠应用经验的构件,可只进行裂缝宽度、抗裂和挠度检验。

●对使用数量较少的构件,当能提供可靠依据时,可不进行结构性能检验。

b.对其他预制构件,除设计有专门要求外,进场时可不做结构性能检验。

c.对进场时不做结构性能检验的预制构件,应采取下列措施:

●施工单位或监理单位代表应驻厂监督制作过程。

●当无驻厂监督时,预制构件进场时应对预制构件主要受力钢筋数量、规格、间距及混凝土强度等进行实体检验。

检验数量:每批进场不超过1 000个同类型预制构件为一批,在每批中应随机抽取一个构件进行检验。

检验方法:检查结构性能检验报告或实体检验报告。

注:"同类型"是指同一钢种、同一混凝土强度等级、同一生产工艺和同一结构形式。抽取预制构件时,宜从设计荷载最大、受力最不利或生产数量最多的预制构件中抽取。

③预制构件的外观质量不应有严重缺陷,且不应有影响结构性能和安装、使用功能的尺寸偏差。

检查数量:全数检查。

检验方法:观察、尺量,检查处理记录。

④预制构件上的预埋件、预留插筋、预埋管线等的材料质量、规格和数量以及预留孔、预留洞的数量应符合设计要求。

检查数量:全数检查。

检验方法:观察。

⑤预制构件应有标识。

检查数量:全数检查。

检验方法:观察。

⑥预制构件的外观质量不应有一般缺陷。

检查数量:全数检查。

检验方法:观察,检查处理记录。

⑦预制构件的尺寸偏差及检验方法应符合表2.10的规定;设计有专门规定时,尚应符合设计要求。施工过程中临时使用的预埋件,其中心线位置允许偏差可取表2.10中规定数值的2倍。

表2.10 预制构件尺寸的允许偏差及检验方法

项 目			允许偏差/mm	检验方法
长度	楼板、梁、柱、桁架	<12 m	±5	尺量
		≥12 m且<18 m	±10	
		≥18 m	±20	
	墙板		±4	
宽度、高(厚)度	楼板、梁、柱、桁架		±5	尺量一端及中部,取其中偏差绝对值较大处
	墙板		±4	
表面平整度	楼板、梁、柱、墙板内表面		5	2 m靠尺和塞尺量测
	墙板外表面		3	
侧向弯曲	楼板、梁、柱		$l/750$且≤20	拉线、直尺量测最大侧向弯曲处
	墙板、桁架		$l/1\ 000$且≤20	
翘曲	楼板		$l/750$	调平尺在两端量测
	墙板		$l/1\ 000$	

续表

项　目		允许偏差/mm	检验方法
对角线	楼板	10	尺量两个对角线
	墙板	5	
预留孔	中心线位置	5	尺量
	孔尺寸	±5	
预留洞	中心线位置	10	尺量
	洞口尺寸、深度	±10	
预埋件	预埋板中心线位置	5	尺量
	预埋板与混凝土面平面高差	0,−5	
	预埋螺栓	2	
	预埋螺栓外露长度	+10,−5	
	预埋套筒、螺母中心线位置	2	
	预埋套筒、螺母与混凝土面平面高差	±5	
预留插筋	中心线位置	5	尺量
	外露长度	+10,−5	
键槽	中心线位置	5	尺量
	长度、宽度	±5	
	深度	±10	

注:①l 为构件长度,mm;

　　②检查中心线、螺栓和孔道位置偏差时,沿纵、横两个方向量测,并取其中偏差较大值。

　　检查数量:按同一类型的构件,不超过 100 件为一批,每批应抽查构件数量的 5% ,且不应少于 3 件。

　　⑧预制构件的粗糙面的质量及键槽的数量应符合设计要求。

　　检查数量:全数检查。

　　检验方法:观察。

第3章 装配式建筑 PC 构件生产线机械设备

装配式建筑是一种建筑的建造方式,将建筑的整体拆分为部件,在工厂标准化、自动化、流水线生产,然后在施工现场进行拼装。相比传统现浇建筑建造方式,装配式建筑大大节省了建造时间,不会产生废弃物,减少了环境的污染。目前得到了国家大力推广和相关优惠政策,是未来建筑建造的整体方向。

混凝土预制构件生产线简称 PC 构件生产线,该生产线采用现代工业做法,工作模台流转作业,实现住宅预制构件的批量生产。

PC 构件生产线按照模台清洁、涂脱模剂、划线、支模、钢筋网格安装、预埋件置放、布料、振捣、蒸汽养护、脱模、翻转等工艺生产工序,采用自动为主,手动为辅的控制方式进行操作,实现建筑工业化 PC 部品的自动化生产。整条生产线主要设备有混凝土输送料斗、混凝土布料机、振动台、清理机、喷涂机、数控划线机、拉毛机、抹光机、振动赶平机、养护窑、码垛车、侧翻机、模台横移车、支撑滚轮、驱动轮等。

3.1 布模系统

布模系统属于生产准备系统,为板类构件的生产做准备,主要包括模台清扫机、划线机和喷涂机。

3.1.1 模台清扫机

1)功能特点

模台清扫机固定在清扫工位,用于模台的表面清理,可除去模台表面的混凝土,为后面喷油或者支模做准备。

产品的性能特点如下所述。

①能快速地将模台表面清理干净。

②橡胶刮板和毛刷辊可自动升降。

③采用弹性橡胶和塑料毛刷不损伤模台工作面。

④清扫机下方有收集车,能集中收集处理,运送方便快捷。

⑤工位上装有感应装置,可实现自动控制。

⑥橡胶刮板、毛刷辊尺寸与模台尺寸相匹配。

⑦橡胶刮板与模台间距合理,高度可调节并有缓冲装置。

⑧设备集清除、扬尘、吸尘、集渣功能于一体。

2)结构与工作原理

模台清扫机前端设有刮板,其作用是清除模台上大块混凝土附着物。刮板的高度、角度可调,在清除过程中还要避免刮板对模台表面造成损伤。

模台清扫机的后部设有滚刷,用于清扫局部附着物,滚刷由电机驱动,绕其轴线旋转,通过旋转形成的切向力对混凝土残渣进行清除。滚刷升降高度可调,根据滚刷的使用情况需定期更换。模台清扫机的下方设有移动式废料小车,用于废料收集处理,小车可沿其下方的轨道行走,方便废料的快速清理。清扫室配有负压除尘装置,控制飞尘外泄,以保证作业工位无粉尘。模台清扫机结构如图3.1所示。

3)使用操作步骤

(1)开机前的检查工作

①检视设备机械、电气、气动外观无异常,运行通道畅通无阻。

图 3.1　模台清扫机

②供电电源是否缺相(三相指示灯都亮,表明不缺相),电压是否在正常范围。

③所有开关都处于断开状态,保证投入电源时,设备不会启动和不发生异常动作。

④检查压缩空气是否开启,压力是否在正常范围,气路是否有漏气现象。

⑤开机前操作人员应提出警示,防止人身和设备伤害。

(2)开机后的操作流程及作业中注意事项

①设备正常上电后,要对设备进行"空运行",发现问题及时解决。

②旋动钥匙开关,接通电源,并旋起"急停"按钮。

③选定操作模式,运送模台至清理机下方,并使刮刀下落。启动清理动作,通毛辊刷开始转动,同时除尘器开始吸尘。待模台完全通过通毛辊刷后,按下停止按钮。

④清理机工作具有"手动"与"自动"模式。自动模式下无须人工干涉。当有模台经过清理机时,所有动作自动完成。

⑤除尘器与清理辊刷联动,无须单独操作。

⑥一次清理不彻底,可以用输送线将模台倒退进行二次清理。

⑦在执行刮刀下降指令时,确保模台已经行至刮刀以下,防止提前将刮刀落下,模台撞坏刮刀。

(3)关机前、后需检查

①设备各个部位是否回归原始位置。

②设备动力电是否断开。

③周围卫生是否清扫整洁。

(4)设备的运维

①定期对各润滑点进行润滑,保证润滑良好。

②每次使用后应及时清理设备,保持设备的清洁。

③定期检查各连接螺栓的连接状态,保证各连接螺栓无松动、脱落现象。

④定期清理除尘器过滤网,以及垃圾收集箱,防止灰尘堆积。

3.1.2　划线机

1)功能特点

划线机用于在底模上快速而准确地画出边模、预埋件等位置。提高放置边模、预埋件的准确性和速度。划线机结构如图 3.2 所示。

图 3.2　划线机

产品的性能特点如下所述。

①采用 UBS 数字接口输入数据,数控模式控制。

②划笔移动速度快,达到 12 m/min,定位精确,采用双边伺服驱动。

③作业范围 9 m×4 m,能覆盖整个模台表面。

④系统能够识别 CAD 图纸,按照图纸尺寸进行画线。

⑤划线精度高 < ±1 mm。

⑥带自动喷枪装置,自动调整感应装置及友好的人机操作界面。

2)结构与工作原理

划线机布置在模台清扫机之后,目前预制构件生产线中采用的划线机多为数控划线机,可在底模上快速而准确地画出边模预埋件等位置,提高放置边模、预埋件的准确性和速度。数控划线机由 U 盘或生产部数据线直接输入信息,按要求自动在模台上画出点和线,根据图纸要求将构件的外轮廓及特征画到模台上,划线的方式采用喷墨打印方式,边模安装工位将根据所画线条基准安装模具条,为混凝土浇筑做准备。

划线机机架纵向两侧分别安装有钢制导轨,机架用地脚螺栓固定于地面,横梁沿导轨纵向运动,纵向导轨为 X 轴。横梁上固定有横向移动的导轨,横向导轨为 Y 轴。划线装置垂直方向的运动依靠垂直布置的滑轨导向,垂直滑轨为 Z 轴。

模具划线机总体分为 4 大部分,即机架、X 向移动部分、Y 向移动部分和 Z 向移动部分,如图 3.3 所示。

图 3.3　模具划线机总装效果图

(1)机架

机架主要由导轨支撑梁、导轨、连接横梁和立柱组成。主体部分尺寸是根据 PC 构件钢制模板的尺寸确定的。导轨支撑梁、横梁以及立柱由型材焊接而成,装有齿条的导轨通过导轨扣件固定在导轨支撑梁上。

(2)X 向移动部分

X 向移动部分按照功能及结构组成可划分为横梁、加强梁、主动轮驱动部分、从动轮滚动部分、导向部分，尺寸由机架而定，主体结构由型材焊接组件装配而成。横梁和加强梁由矩形方钢焊接而成，通过螺栓同主动驱动部分和从动滚动部分进行连接。主动驱动部分安装有伺服电机和减速器，减速器端装有主动齿轮，主动齿轮同装在导轨上的齿条相啮合。伺服电机运转后带动减速器以及减速器端的主动齿轮转动，从而带动驱动部分的两个滚轮纵向滚动，实现纵向的移动。从动滚动部分主要由从动滚轮和滚轮安装架组成，起到支撑横梁和从动运动的作用，如图 3.4 所示。

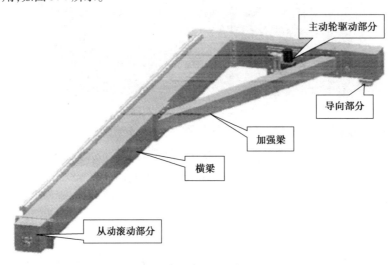

图 3.4　X 向移动部分

(3)Y 向移动部分

Y 向移动部分由伺服电动机组件、减速器、伺服电动机安装板、双轴心导轨副以及齿轮齿条副组成，并通过两个双轴心导轨副安装在 X 向移动部分的支撑横梁上。安装在电机安装板上的伺服电动机可根据获得的脉冲信号通过驱动齿轮齿条副实现横向运动，从而带动安装在其上的划线装置进行横向移动，如图 3.5 所示。

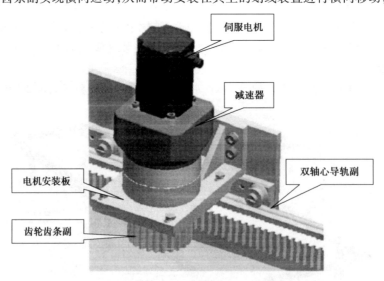

图 3.5　Y 向移动部分

(4)Z 向移动部分

Z 向移动部分安装在 Y 向移动部分上。Z 方向的垂直运动用于根据生产要求调整划线机喷笔与 PC 构件钢制模板之间的垂直距离，从而使划线达到最佳效果。Z 方向运动的动力来源于自带减速器的直流伺服电动机，电动机通过丝杠螺母副将运动传递给垂直运动的机械结构。直流伺服电动机的控制信号由安装在垂直运动机械结构上的电容高度调节器发出。

3)使用操作步骤

(1)作业前的检查工作

①运行前检查和确认电源合闸。

②确认端子间或各暴露的带电部位没有短路或对地短路情况。

③投入电源前使所有开关都处于断开状态,在保证投入电源时,设备不会启动和不发生异常动作。

④运行前请确认机械设备正常且不会造成人身伤害,操作人员应提出警示,防止人身和设备伤害。

(2)作业中的安全操作

①工作流程:模台运行至划线机工位后调入所需的划线程序并启动划线作业,待划线完毕后,划线机回归零点,完成一次工作循环。

②机床开动后身体和四肢不准接触机器运动部位,以免发生伤害,维护保养设备时应断电停车进行。

③机器运行中,操作工应坚守岗位,随时注意机器运行状况,如遇紧急情况应立即处理,保证安全运行。在完成一件工作后,操作者需要暂时离开设备时,应将主电机停止按钮关闭,同时也应将主电源开关关闭。

④使用结束前,应将喷笔冲洗一次,持续时间不少于 1 min。

⑤使用结束关机前,应将系统退回操作主菜单,将喷笔上升到最高位置,各个控制开关应复位。先关闭系统电源,再关总电源,关闭气源、水源,检查各控制手柄是否在关闭位置,确认无误后方可离开。

4)设备的运维

①应及时清理设备,喷笔长时间不使用时,及时清洗,防止堵塞。

②定期对各润滑点进行润滑,保证润滑良好。

③每三个月检查伺服电机弹性夹紧机构是否可靠,调整弹簧压紧螺栓,使压力适当。

④定期检查电气控制系统连接接线,保证无松动脱落。

⑤在没有作业任务时,数控划线机也要定期通电,最好是每周通电 1~2 次,每次空运行 1 h 左右。

3.1.3 喷涂机

1)功能特点

喷涂机布置在划线机之后,对模台喷涂脱模剂,便于养护好的构件顺利脱模。

产品的性能特点如下所述。

①用气弹簧开启前后面板,方便脱模剂箱加液并易于检查和维护。

②具有抹匀装置,将脱模剂刮扫均匀,同时将多余的油脂进行回收。

③喷雾过滤装置采用双级过滤,有效防止喷头堵塞。

④喷油均匀且易于调节。

⑤油箱容积大,满足每班生产量。

⑥油箱加液口位于开启门边,方便加液。

⑦具有低液位报警功能,能有效防止无液空载而造成设备损坏。

⑧工位上装有感应装置,实现自动控制。

⑨控制系统与清扫机装置一体化,减少操作人员。

2)结构与工作原理

当模台行进至喷涂机工位时,喷涂机启动,通过升降装置将喷涂机的喷嘴和刷辊调整到适当高度,根据指令将与摆放预制构件区域对应的喷嘴开启,刷辊开始转动,喷嘴进行喷雾,滚刷在电机驱动下,对模台喷雾区域进行强制涂匀,喷涂机结构如图 3.6 所示。按照喷枪的运动方式不同,喷涂机主要分为旋转式喷涂和往复式喷涂。旋转式喷涂多用于异形构件或小面积喷涂;往复式主要针对预制楼板、预制墙板等大面积喷涂。

3)使用操作步骤

(1)检查

喷涂机安装连接后,进入待喷涂状态,喷涂前首先要检查动力源是否运转正常,然后吸入涂料,检查高压涂料缸是否增压正常,输料软管有无泄漏,配件间连接是否紧密,喷枪及滤网有无堵塞情况等。发现故障,及时排除。

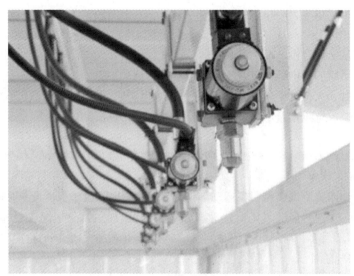

(a) 结构实物图

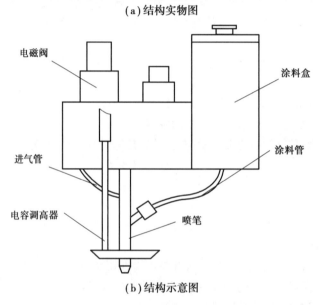

(b) 结构示意图

图 3.6　喷涂机

（2）涂装操作

涂装操作主要是喷枪的操作使用问题，喷枪的操作使用不当会造成涂层涂装缺陷，涂层涂装缺陷主要表现在 3 个方面：其一，涂层不均匀，主要表现为有接茬痕迹、涂层颜色不一致、涂层光滑度差等。其二，涂层过厚，主要表现为有流挂现象、涂层表面干燥而深层不干，出现涂层结皮现象等。其三，涂层太薄；主要表现为按常规喷涂遍数涂装后，涂层达不到所需要的厚度。

4）设备的运维

①喷涂机设备工作结束后，应及时清洗，并做好维护、保养和修理工作，使设备保持良好状态。

②设备的日保养应按其使用要求添加润滑油，保持活塞泵油管畅通。

③离合器、回流卸载阀、减速器、空气压缩机等主要部件，应按其使用要求进行定期检查。如有磨损、损坏，应及时调整更换。

3.2　布料振捣系统

布料振捣系统属于生产线的关键系统，主要设备包括布料机和振捣台。布料是否均匀、振捣是否密实决定了构件的质量。

3.2.1　布料机

1）功能特点

混凝土布料机主要应用于 PC 构件生产线中,其作用是将搅拌站运输来的混凝土通过入料口倒入螺旋布料斗,并通过搅拌结构混合均匀,沿着布料轨道将混凝土均匀布施在模台上的边模框内。

产品的性能特点如下所述。

①星形布料轮送料量均匀平稳,便于送料量精确计量,混凝土用量控制精度 >1%。

②星形布料轮采用耐磨材料制成,保证星形轮能正常运转 12 个月以上。

③布料斗容积大,降低输送车工作频率,提高布料速度,其有效容积为 2.5 m³。

④大车、小车行走可实现纵向移动,横向平移,布料范围与模台相匹配。

⑤布料机的纵、横向移动速度可调。

⑥布料口开闭数量可控,紧急停电状态能手动开启。

⑦布料斗 V 形漏斗设计合理,适用于多种混凝土坍落度。

⑧混凝土接触部件采用高耐磨不沾料衬板,可延长料斗的使用寿命,降低物料附着力和减少物料浪费率。

⑨布料机带有称量系统,可控制布料量,数据能够显示。

⑩布料机布料速度可调,根据现场工艺,走行、布料速度无级柔性调节。

⑪布料机内部装有搅拌轴,物料在料仓内较长时间存放时,可防止物料凝结、离析。

⑫断电时备有备用直流电机及配套电源,手动开启闸门及时落料,防止物料在料仓内凝固。

⑬料斗外侧附着振动电机,可使料斗均匀振动,下料效果好,清洗时能快速清理干净。

⑭搅拌叶片采用高耐磨合金材料铸造,搅拌臂设计为易拆装方式。

⑮布料机配自动清洗泵及摆动喷头,便于清洗和污水回收。

⑯带自润滑油泵,保证密封单元的油润滑。

⑰布料机设有操作平台、检修平台。

⑱布料机可自动定位布料原点位置,实现全自动布料。

⑲布料中有安全防撞装置,如遇到障碍等意外情况,能自动停车并报警提示。

2）结构与工作原理

布料机由行走支架、大车行走机构、小车行走机构、布料斗、称重装置、升降机构、断电清理机构、气动系统、清洗装置和电气控制系统等组成。布料斗由料斗箱体、星形喂料机构、搅拌机构、布料闸门装置、密封单元、自润滑机构、仓壁振动机构和入料防护装置组成。布料机及结构分别如图3.7、图3.8所示。

图 3.7　布料机

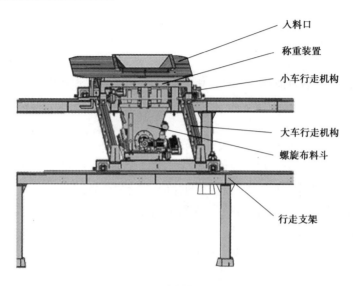

图 3.8　布料机结构图

大车行走和小车行走共同组成了行走系统,减速电机和行走轮为其提供动力,可以实现布料机横向、纵向布料,布料范围可以覆盖整个模台。布料机构升降功能可以满足不同厚度构件布料要求。布料系统主要由料斗体、下料机构、搅拌机构及驱动减速机等部分组成,其主要作用是储存混凝土,并将混凝土均匀布置在模台上边模框内。搅拌机构在搅拌轴作用下混合均匀,防止物料在料仓内出现凝结或离析现象。布料机构上设有震动电机,可以使布料斗均匀振动,更好地进行下料。控制系统主要由传感器、操作台与控制柜组成,通过控制设备上的开关、电磁阀来实现对设备的操控。

布料机布料方式是自动螺旋布料,布料斗中的混凝土在搅拌轴作用下混合均匀,布料机的料门机构共设有 8 个料门,可以通过继电器控制任意料门开启和关闭,从而实现布料机单螺旋布料或多螺旋布料。

布料机布料过程由汽缸控制出料口插板开启与关闭,通过星形轴的转动进行定量布料,可以多口同时布料,布料量均平稳,便于布料量准确计量,这样布料完成之后就很少或完全不必要进行补料,提高了布料效率。布料机有手动/自动布料功能,能够按照预先存入的 CAD 图形参数或者网络图形数据参数自动布料,布料时能避让门窗等区域,布料阀门自动开启和关闭,自适应阀门数量和布料宽度,保证理论布料量准确,布料完成自动停止布料。布料过程中如果缺料能够暂停,布料机可回到加料位置等待填料,加料完成仍能够回到断点继续布料。布料机安装有称重系统,可精确控制布料量;星形布料轮采用耐磨材料制成,出料量均平稳,便于布料量精确计量。布料机安装有防撞装置,如遇到障碍等意外情况,能自动停车并报警提示。布料机采用整幅布料,要求布料速度快且操作简便,行走速度、布料速度无级可调。

主要技术参数如下所述。

①料斗有效容量:2.5 m²。

②布料转速:0~40 r/min。

③布料闸门个数:10 个。

④布料宽度:1.5 m。

⑤布料功率:4 kW。

⑥搅拌轴转速:0~20 r/min。

⑦搅拌轴功率:4 kW。

⑧放料方式:气动闸阀。

⑨喂料方式:星形轴定量。

⑩升降机:4×10 t。

⑪升降电机:1.5 kW×2。

⑫大车行走速度:0~30 m/min。

⑬大车行走功率:1.5kW×2。

⑭小车行走速度:0~30 m/min。

⑮小车行走功率:1.5 kW。

⑯振动电机:0.75 kW。

⑰自润滑油泵:0.09 kW。

⑱装机功率:16 kW。

3)使用操作步骤

操作前请先确认压缩空气是否已经打开。

(1)系统启动

系统上电前检查手动自动转换开关是否在手动位置,上电顺序为:打开总电源开关→松开急停按钮→打开钥匙开关→点击控制启动按钮启动控制电源,控制启动指示灯亮,同时触摸屏点亮证明系统送电成功,触摸屏在进入系统前不进行任何操作。

布料机具有手动和自动两种工作模式,可以通过手动/自动开关进行转换,设备处于自动工作状态时自动指示灯点亮。

(2)自动功能

自动工作时出料阀门会自动根据预先设定的参数自动打开和关闭,完成自动布料;自动布料的布料量根据设定的布料厚度自动计算,达到理论布料量时自动关闭出料门,保证总布料量的精确。

(3)手动功能

①全开/全关旋钮:指向全开位置时所有出料阀门打开,指向全关位置时所有出料阀门关闭。

②出料门选择旋钮:出料门选择旋钮共有 10 个,当旋钮指向中间位置时受全开全关旋钮的控制;当旋钮指向开的位置时对应的出料阀门打开,全关功能仍然对其起作用;当旋钮指向关的位置时对应的出料阀门关闭,全开功能对其不起作用。

③利用全开/全关旋钮和出料门控制旋钮可以组合出多种布料组合,满足带门窗预制构件的布料要求。

④搅拌开关是搅拌轴的启动开关,向右旋转搅拌开关搅拌轴启动。

⑤喂料开关是喂料轴的启动开关,向右旋转喂料开关喂料轴启动。

⑥振动开关是仓壁振动电机的开关,向右旋转振动开关,振动电机启动,仓壁振动用于布料结束时仓壁余料的清理,不能长时间振动。

⑦升降开关可用来调整布料斗的高低,指向升的位置时料斗上升,指向降的位置时料斗下降,指向中间位置时料斗停止并锁定。

⑧急停按钮:紧急状态下按下急停按钮,切断系统控制电源,系统停止工作。

(4)屏幕操作

系统送电后触摸屏首先进入操作系统界面,然后转到自动控制程序,在进入自动控制程序前不要进行任何操作,以免程序加载出错,程序加载后出现如图3.9所示画面。

图3.9中黑色区域为图形显示区,顶部为信息显示区,下部按钮、输入框等为功能操作区。

按钮功能介绍如下所述。

①打开 CAD 图形。单击此按钮打开图形文件选择对话框,选择本机或者网络图形数据文件,选择完成后单击对话框中的打开按钮会打开并在图形显示区显示指定的图形。

②自由绘图。单击此按钮后变为绿色"关闭绘图"并显示"关闭绘图"证明自由绘图功能已经打开。自由绘图功能是在没有 CAD 图形文件的情况下绘制图形的简便方法,打开自由绘图功能后在自由绘图输入区输入坐标和宽高数据,单击确定按钮完成一次绘图,在图形显示区会显示输入的图形,图形绘制完成后单击"关闭绘图"选项即可关闭自由绘图功能。

③选择布料区。单击此按钮后变为绿色"关闭选择"并显示"关闭选择"证明布料选择功能已经打开,根据布料方向顺序单击需要布料的区域,程序会自动计算布料参数并在相应的区域显示,完成布料区的选择后单击绿色按钮关闭布料选择功能。

④回退。自由绘图、布料选择输入错误后可以通过单击此按钮进行回退操作。

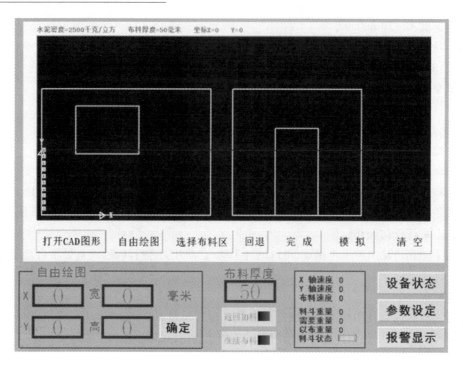

图 3.9 触摸屏主操作画面

⑤完成。图形绘制和布料区选择完成后单击此按钮,图形数据自动传输给控制系统,单击完成按钮后打开 CAD 图形、自由绘图、布料选择、回退按钮变为灰色不可以进行操作。

⑥模拟。布料区选择完成后可单击此按钮模拟查看布料机的运行,如有错误应及时进行图形修正。

⑦清空。当布料图形发生改变时用此按钮清空图形显示区的图形,然后进行新图形的显示。

⑧返回加料、继续布料这两个按钮用来操作布料机回到加料点加料和返回断点进行继续布料。

⑨设备状态、参数设定、报警显示。点击这 3 个按钮可以进入相应的操作画面。

(5)关机操作

工作完成后要进行关机操作,关机时先打开"设备状态"画面,在设备状态画面中有关机按钮,单击关机按钮系统提示是否关机,选择"是",应用程序首先关闭,提示系统会在 1 min 内关闭,不要进行任何操作,十几秒钟后系统开始关机,关机完毕后才能关闭设备的电源,非紧急情况下不要直接关闭设备的电源,紧急关机可能会造成系统文件的丢失和破坏,使系统无法启动。

(6)遥控操作

布料机可选配遥控器,遥控操作时控制箱上除电源外的两位开关全部关闭,三位开关全部放到中间位置,打开遥控器电源,松开遥控器上的急停按钮,遥控器启动后控制箱上的按钮自动失效,遥控器启动时为避免机器误动作,所有开关都在初始位置时才能启动成功,如果没有启动成功请检查是否有开关在启动前动作,遥控器所有按钮开关的功能和控制箱完全一样,遥控器不使用时要及时进行充电,以备下次使用。

4)设备的运维

(1)注意事项

①严禁非专业人员擅自修改设备及产品布料参数。

②开机前确保布料区域无闲杂物品,检查确保布料口处于安全位置,气压正常,各安全防护装置有效。

③进入手动模式运行设备,检查 X/Y 轴运行是否平稳可靠,检查各极限限位装置是否安全可靠。

④设备运行时严禁人员、物品进入工作区,以确保设备和人员的安全。

⑤设备运行需 X/Y 轴单方向运行,不可两个方向同时布料运行。

⑥设备出现异常时,应立即按下急停按钮,待故障查明处理完毕后,才可解除急停按钮恢复设备正常运行。

（2）维护保养

①设备停止使用时,确保各机械处于安全位置后关闭总电源和气源,做好设备交接记录工作。

②每次使用检查各连接螺栓的连接,保证各连接螺栓无松动、脱落现象。

③超过1 h不进行布料要对布料机进行彻底清洗。

④每次使用对布料机进行清理,确保各部位无积尘污垢;工作完成时,对设备仓壁、搅拌轴、布料轴进行清洗确保无余料。

⑤在检修和保养设备时一定要关闭电源或者使设备处于手动工作状态。

（3）故障处理

常见故障及其原因和排除方法见表3.1。

表 3.1   常见故障及其原因和排除方法

序号	故障现象	故障原因	排除方法
1	布料阀门不动作	气压不够	供压缩空气到指定压力
2	升降不启动	限位开关故障	调整/更换限位开关
3	大车平移不启动	限位开关、编码器故障	调整/更换限位开关、编码器
4	小车平移不启动		
5	报警器断续鸣响	从屏中查出故障原因	清除故障
6	搅拌电机不动作	电机过载	清除过载原因后复位变频器
7	下料电机不动作		
8	振动电机不动作	电机过载	清除过载原因后复位电机断路器
9	遥控器屏幕不亮	电池没电	充电
10	遥控器不能启动	开关按钮提前动作	复位开关按钮
11	遥控器按钮失效	内部故障	返厂维修

3.2.2   振捣台

1）功能特点

振动台用于PC构件流水线,是流水线的主要设备,用于布料后模具内的混凝土振捣。振捣台主要作用是排出混凝土中的空气与多余水分,将其中混凝土振捣密实,并且使边缘或者边角准确成形,进而得到较高品质的预制构件产品。

产品的性能特点如下所述。

①高频振实,振动频率可调,以适应振实不同混凝土厚度的建筑构件。

②振源数量12台,每组可单独控制,与参振质量相匹配。

③升降机构采用空气弹簧,升降方便,减震效果好且灵活可靠。

④噪声声级应符合国家相关标准《旋转电机噪声测定方法及限值:噪声简易测定方法》(GB 10069.2—88）。

⑤控制系统具备自动和手动控制的功能。

⑥设有减震装置,避免损坏模台。

⑦振动台带有液压锁功能,锁模力大。

2）结构与工作原理

振捣系统由振动台、气动系统、液压系统和电气控制系统组成。每组振动台包括振动架、减振升降装置、锁紧机构、振动装置和限位装置。振捣台如图3.10所示。

图 3.10　振捣台

模台通过输送辊道运送至振动台上方,布料机在模具内布料。布料完成后,通过减振升降装置将模台升起,模台与振动台锁紧为一体。振动台起升后,根据构件生产工艺需要设定并调整振动参数,通过振动装置将模具中混凝土振捣密实。4 组振动台均布置,高频振实,振动频率可调,以适应不同厚度的混凝土建筑构件;每组振动台振动装置可独立变频调速;升降采用空气弹簧,升降方便,减震效果好。

在预制构件生产线中常采用的振捣台有两种形式:水平振捣,包括水平环向及 X,Y 方向振捣;组合振捣,既包含水平环向及 X,Y 方向水平振捣,又包含 Z 方向垂直振捣。振捣过程中的激振力主要由振捣电机或电机带动偏心体产生的惯性矩来获得,其中振捣电机的频率和振幅、惯性矩的大小可根据 PC 构件产品的要求来设置。

主要的技术参数如下所述。

①振动电机:1.5 kW×8。

②单台激振力:8 ~ 9 kN。

③频率:0 ~ 50 Hz。

④升降方式:空气弹簧。

⑤振动台升降高度:60 mm。

⑥提升重量:25 t。

⑦空气耗气量:0.6 m/h。

⑧装机功率:15.75 kW。

3)使用操作步骤

操作前请先确认压缩空气是否已经打开。

振动台具有手动和自动两种工作模式,可以通过手动/自动开关进行转换,设备处于自动工作状态时自动指示灯点亮。紧急状态下按下急停按钮,切断系统控制电源,系统停止工作。

(1)系统启动

系统上电前检查手动自动转换开关是否在手动位置,上电顺序为:01 打开总电源负荷开关,02 松开急停按钮,03 打开钥匙开关,04 单击控制启动按钮启动控制电源,控制启动指示灯亮,同时触摸屏点亮证明系统送电成功。

(2)自动功能

自动工作时单击自动启动按钮,系统自动启动并执行如下动作:

①空气弹簧充气振动台上升。

②振动电机启动并按照设定的频率和时间振动。

③空气弹簧放气模台下落。

以上动作均按照预定的时间自动完成。自动运行过程中单击停止按钮自动运行立即停止。

（3）手动功能

单击上升按钮空气弹簧充气模台上升；单击下降按钮空气弹簧放气模台下落；单击振动按钮振动电机启动按照设定的频率和时间振动，振动完成自动停止；手动工作进行中单击停止按钮手动工作立即停止。

4）设备的运维

（1）注意事项

①严禁非专业人员擅自修改设备工艺参数。

②开机前确保布料区域无闲杂物品，气压正常，各安全防护装置有效。

③设备在进行手动操作无误后才能进入自动操作状态。

④有操作人员站在模台上面时禁止启动振动过程，否则有可能造成人身伤害。

⑤设备运行时严禁人员、物品进入工作区，确保设备和人员的安全。

⑥严禁在空气弹簧没有升起的状态下进行振动操作。

⑦设备出现异常时，应立即按下急停按钮，待故障查明处理完毕后，解除急停按钮恢复设备正常运行。

（2）维护保养

①设备停止使用时，确保各机械处于安全位置后关闭总电源和气源，做好设备交接使用记录工作。

②每次使用检查各连接螺栓的连接，保证各连接螺栓无松动、脱落现象。

③每次使用进入手动模式运行设备，检查各系统运行是否平稳可靠以及各极限限位装置是否安全可靠。

④每次使用应对振动台进行清理，确保无余料灰浆黏附。

⑤在检修和保养设备时一定要关闭电源或者使设备处于手动工作状态。

（3）故障处理

振捣台运行过程中出现的故障现象、故障原因及排除方法见表3.2。

表3.2　常见故障及其原因和排除方法

序号	故障现象	故障原因	排除方法
1	手动时震动不能启动	模台没有锁紧	手动锁紧模台
2	模台顶升不到位	空气压力低	调整空气压力
3	蜂鸣器鸣响	变频器过载	查明原因后断电复位
4	振动产生共振噪声	振动频率不合适	调整振动频率

3.3　构件表面处理系统

构件表面处理设备包括振动抹平机、拉毛机和抹光机。

3.3.1　振动抹平机

1）功能特点

振动抹平机的作用是将模板内浇筑好的混凝土表面刮平。

产品的性能特点如下所述。

①采用双边驱动，保证行走的同步性和稳定性。

②抹头可升降调节并锁定。

③作业中抹头在水平面内可实现二维方向的移动调节，并在设定的范围内作业。

④抹平力和浮动叶片的角度可以手动调节。

⑤结构合理、可靠、耐用。

⑥抹平机运行时间与生产线节拍相符。

⑦工作时可遥控控制,控制稳定、操作简便。

2)结构与工作原理

振动抹平机由钢支架、大车、小车、整平机构及电气系统等组成,其结构如图3.11所示。

图3.11　抹平机

振动抹平机可对板类构件进行前后抹平,同时,大车行走装置架在布料机或自带的横梁上,进行纵向移动,通过横、纵两个方向的移动,可实现模台上构件全覆盖抹平。抹平装置需采用减震装置,以减少振动对设备产生的危害。一般采用二级减震方式,如橡胶减震块与橡胶垫共同减震,可有效解决振动杆与振动架之间的振动问题。

抹平机构的升降系统使用电动升降,其结构紧凑,安装方便,而且可在规定行程范围内的任意位置停止并自锁。当发生机构事故断电时,可将抹平机构锁定在该位置,避免产生事故。其操作方便,维护工作量小。抹平机构上装有振动电机,升降系统支架装有减振装置,抹平机构也装有特制抹平板,抹平板由耐磨材料按照特定的弧度压制而成,整平效果好。行走机构采用变频带刹车减速机,可以方便地调整速度。

3)使用操作步骤

①电动机按通用操作规程的有关规定执行。

②了解有关混凝土表面的施工技术、质量要求。

③抹平机叶片应光洁平整,并处于同一平面,连接螺栓应紧固无松动。

④将操作扶手调至适当高度。

⑤抹平机应运转平稳,工作可靠。

4)设备的运维

(1)作业中的要求

①抹平机需无负荷启动。

②操作人员应根据施工要求,按顺序作业。

③施工时注意收放电缆,确保电缆不打结,不被碾压。

④抹平机有异常现象时,应立即停机检查并处理。

(2)作业完的要求

①将抹平机清洗干净,放在平整地面上,并注意保持通风干燥。

②吸垫长期不用时,应晾干折卷收藏。

③按保修规程的规定进行例保作业。

3.3.2 拉毛机

1)功能特点

拉毛机主要用于叠合楼板的生产,对叠合板构件新浇注混凝土的上表面进行拉毛处理,以保证叠合板和后浇注的地板混凝土较好地结合。

产品的性能特点如下所述。

①采用双边驱动,保证行走的同步性和稳定性。

②可实现升降,锁定位置。

③作业面宽度应与模台相匹配。

④拉毛毛刷由优质耐磨钢片组成,毛刷可更换。

⑤拉毛机有定位调整功能,通过调整可准确地下降到预设高度。

⑥工作时可遥控控制,控制稳定、操作简便。

2)结构与工作原理

拉毛工序在振捣工序之后,叠合楼板预制件未凝固时划出等距浅沟,使其叠合楼板表面毛糙从而增加表面的粗糙程度。当模台承载叠合楼板通过拉毛机时,拉片组的等距拉片底部接触未凝固的预制件,预制件随模台向前行进。拉片组产生的阻力和拉片组自身的重力可使拉片形成一定摆角,其底部一侧直角在预制件表面划出等距沟槽。拉毛机结构简单,易维护,划线时利用重力和模台移动,可节省能耗。

拉毛机设备布置在第一次预养护工位和赶平工位之间的拉毛工位。拉毛机由钢支架、变频驱动的大车及行走机构、小车走行、升降机构、转位机构、可拆卸的毛刷、1 套电气控制系统组成。拉毛结构如图 3.12 所示。

图 3.12 拉毛机

3)使用操作步骤

(1)开机前的检查工作

①检视设备机械、电气,外观无异常,运行通道畅通无阻。

②检查各连接部位的螺栓(尤其是钢丝绳固定部位)无松动、脱落现象。

③供电电源是否缺相(三相指示灯都亮,表明不缺相),电压是否在正常范围。

④设备外漏电缆是否有破皮、损坏的情况,拖链外观无异常。

⑤所有开关都处于断开状态,保证投入电源时设备不会启动和不发生异常动作。

⑥开机前操作人员应提出警示,防止发生人身伤害和设备损坏。

(2)作业中的安全操作

①工作流程:旋动钥匙开关,接通电源→按动"上升"或"下降"旋转电机将拉毛架锁定在工作高度→通过输送线操作盒控制输送电机运送模台经过拉毛机头进行拉毛作业→待完成工作后将拉毛架抬起到安全高度,

完成一次工作循环。

②通过"上升""下降"按钮控制拉毛机构的升降。

③当工艺不需要拉毛时,将拉毛机构升到滑道上位即可。

4)设备的运维

①应及时清理设备,保持拉毛板的清洁。

②定期对各润滑点进行润滑,保证润滑良好。

③定期检查电气控制系统连接接线,保证无松动脱落。

④定期检查吊钩装置,吊钩是否转动灵活、滑轮无卡绊和碰擦现象。

⑤检查各连接螺栓的连接,保证各连接螺栓无松动、脱落现象。

3.3.3　抹光机

1)功能特点

抹光机布置在预制构件生产线中养护环节之前,其作用是使混凝土预制构件可视面的平滑程度达到最高要求。

产品的性能特点如下所述。

①采用双边驱动,保证行走的同步性和稳定性。

②抹头可升降调节并锁定。

③作业中抹头在水平面内可实现二维方向的移动调节,并在设定的范围内作业。

④抹平力和浮动叶片的角度可以手动调节。

⑤结构合理、可靠、耐用。

⑥抹平机运行时间与生产线节拍相符。

⑦工作时可遥控控制,控制稳定、操作简便。

2)结构与工作原理

抹光机由门架式钢结构机架、行走机构、抹光装置、提升机构、电气控制系统等组成,其结构如图 3.13 所示。

图 3.13　抹光机

3)使用操作步骤

①使用前应检查电机、电器开关、电缆线和接线是否正常,是否符合规定,是否安装漏电保护器。

②使用前应检查和清理抹盘上的杂物,以避免使用时整机跳动。

③接通电源后进行试运转,叶片按顺时针方向旋转,不得反转。

④抹光机发生故障时,必须停机切断电源后才能检修。

4)设备的运维

①抹光机应存放在干燥、清洁和没有腐蚀性气体的环境中。

②定期更换发动机润滑油。

③检查机器各构件之间的螺母和螺栓是否松动,如有应拧紧。

3.4　构件养护系统

构件养护系统是生产线的又一关键系统,自动化养护设备与生产线、成品板拆模运输区相连接,通对过指令的判断,将生产线上的毛坯板输送到养护设备中养护,同时通过对指令的判断将养护好的成品板输送到成品板拆模运输区。

自动化立体养护设备的主要功能如下所述。

①从生产线上取生产好的毛坯板。

②向养护仓库输送毛坯板。

③堆垛。

④取养护好的成品。

⑤向成品板养护区输送成品板。构件养护系统主要由养护窑、堆垛机和模台自动存取机组成。

3.4.1　养护窑

1)功能特点

养护窑是将混凝土构件在养护窑中存放,经过静置、升温、恒温、降温等几个阶段使水泥构件凝固强度达到要求。

产品的性能特点如下所述。

①托轮采用模块化设计,便于调平和维护。

②温控系统采用 PLC＋工业计算机的控制方式,运行安全可靠。

③独立热风循环系统,保证养护窑上下温差最小。

④外部保温层厚度 100 mm 热损失小,节约能耗。

⑤温控曲线实时显示,历史曲线随意查看,养护状态一目了然。

2)结构与工作原理

养护窑由窑体、蒸汽系统(或散热片系统)、温度控制系统等组成,结构如图 3.14 所示。根据生产需求设置具体养护工位数。

其基本结构如下所述。

①由 2×4 个 6 层养护位的孔洞组成,其中有 2 个为进出输送工位,剩余 46 个即为养护位,养护窑有保温门。

②养护窑采用钢结构支架,窑内安装滚轮用于输送及支撑模板;养护温控系统包括电气控制系统(中央控制器、控制柜)、热风循环装置、温度传感器等部分。可根据需求适应不同的养护工艺。

养护窑是竖向立体分仓结构,每个分仓内含有温控装置及湿度控制装置,可自动控制温度和湿度。采用升温→恒温→降温的温度曲线进行控制,以免产生裂纹或影响构件强度的其他缺陷。养护窑为层叠式堆放设计,可实现最低层高,节省厂房建设成本;缩小养护容积,节省养护能耗的目标。窑体保温板及门板耐高温、防火、阻燃,保温效果好。窑内配有蒸汽加热、加湿管道,同时配有通风管道。

立体养护窑窑体是由型钢组合成框架,框架上安装有托轮,托轮为模块化设计。窑体外墙用保温材料拼合而成,每列构成独立的养护空间,可分别控制各孔位的温度。窑体底部设置 2 个进出输送地面辊道,模板可沿地面辊道通过。中央控制器采用工业级计算机,采用友好的操作界面,便于人机交互,适合现场使用。养护窑具有较为完整的功能,有工艺温度的参数设置,如温度梯度设置,最高温度设定等,同时也具有实时温度的记录曲线或报表、数据的报表打印和历史实时记录温度的回放等功能。控制柜由 PLC 和工业专用温度控制器、多点温度传感器、湿度传感器、多路数字和模拟信号输入模块组成。接收到上位机的工艺参数后,可自行构成闭环的控制系统,根据布置在养护窑内多点的温度传感器,采集的不同位置的温度信号,自动调节蒸养阀门,使蒸养窑内形成一个符合温度梯度要求的、无温度阶跃变化的温度环境。

图 3.14   养护窑

3)使用操作步骤

(1)开机前的检查工作

①检查管路连接法兰、阀门连接部位螺栓有无松动,脱落现象。

②检查压缩空气是否开启,蒸汽管路阀门是否打开,压力是否在正常范围。

③检查暖气管道是否有泄漏现象,如有泄漏现象,应及时处理,以免出现蒸汽外溢烫伤人的事故。

④设备供电电源是否缺相,电压是否在正常范围。

⑤设备外漏电缆是否有破皮、损坏情况。

⑥检查所有开关都处于断开状态,保证投入电源时,设备不会启动和不发生异常动作。

⑦运行前操作人员提出警示,严禁人员进入工作区域,防止人身伤害。

(2)开机后的操作流程及作业中注意事项

①设备正常上电后,要对设备进行"空运行",发现问题及时解决。

②基本操作说明

a.在操作预养护窑之前,确定窑进口与出口的"急停"旋钮处于开启状态。

b.预养护窑进模台工作:在窑进口按下"开门"按钮,预养护窑进口窑门打开;窑门完全开启且上限位灯亮后按下驱动线操作盒,将模台运输到预养护内;按下"关门"按钮,预养护窑进门关闭。

c.预养护窑出模台工作:将出口门旋钮旋转到"手动"状态,在窑出口按下"开门"按钮,预养护出口窑门打开;窑门完全开启且上限位灯亮后按下驱动线对应操作盒,将模台运出预养护窑;按下"关门"按钮,预养护出口门关闭。

d.在"自动"模式下,窑内进口模台可自动运行到窑出口位置;"手动"模式下需手动启动按钮。

e.窑出口工位,在"手动"模式下,打开出口窑门,窑门完全开启且上限位灯亮后按下后退按钮,同时按下对应的工位,可以将模台倒退到窑内工位。

f.预养护窑养护工作:在蒸汽养护柜上设置好预养护温度,按下屏幕"启动"按钮,单击"是",开始蒸汽养护;工作期间,可随时按下"停止"按钮停止蒸汽养护。

③遇到突发事件时,按下"急停按钮"停止模台的输送,排除故障后再继续运行。

④养护期间,严禁人员进入预养护窑区域,防止人身伤害。

⑤运行期间,操作人员定时查看并记录窑内实时温度,如发现异常,应立即排查并解除。

⑥对窑内管道进行检查维保时,应将窑门的"急停"按下,且务必将蒸汽管路总阀门关闭,待冷却后再进

行,防止误动作引起烫伤。

（3）关机前、后需检查

①压缩空气阀门是否关闭。

②蒸汽管路阀门是否关闭。

③控制柜按钮是否处于停止位置。

④设备动力电是否断开。

4）设备的运维

①定期对各润滑点进行润滑,保证润滑良好。

②定期检查法兰、管路各连接点焊缝,有开焊时请及时补焊以保证安全生产。

③定期检查吊钩是否转动灵活、滑轮无卡绊和碰擦现象,并紧固钢丝绳吊环。

④定期检查电磁阀动作可靠性,不可靠时查找原因。

⑤应定期清理过滤器滤网,疏水阀,保证其洁净、畅通。

3.4.2 堆垛机

1）功能特点

堆垛机是将浇筑好的混凝土构件在蒸汽养护窑相应孔位进行存取的起重运输设备,堆垛机的自动化程度非常高,通过激光测距可对各窑口工位进行准确定位,自动定位窑门位置,自动记录窑内有无模台及各工位进出窑的时间,同时可实现窑门高效平稳开启,模台进出窑口前自动定位锁紧等功能。在安全保护方面有行进、升降、开关门,进出窑要有安全互锁功能,运行时有声光报警装置。卷扬机构设有防跳绳检测,以确保机构安全运行。堆垛机工作性能的优劣和技术水平的高低,直接影响混凝土构件的生产质量以及整条生产线的生产能力。

2）结构与工作原理

堆垛机的结构分为上部轨道悬挂式和底部轨道行走式,可沿轨道方向行进。PC构件(具有自动化立体养护设备)堆垛机包括机架(含升降系统)、走行系统、托架和定位控制系统4个部分。

堆垛机机架包括立柱、主梁、纵梁、下横梁、中间立柱和小横梁,结构如图3.15所示。其主要功能是支撑和对托架进行导向。为了减轻堆垛机的重量,立柱、下横梁、中间立柱均采用矩形管。

(a)整体结构图

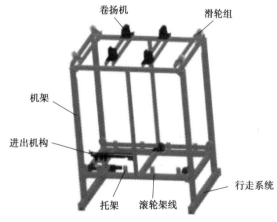

(b)局部结构图

图3.15　堆垛机

行走机构主要由行走架、主动轮组、被动轮组和驱动装置组成。用于实现堆垛机的横向行走,控制系统应能够控制行走过程按启动—加速—匀速—减速—停止的方式运行。

PC构件堆垛机的托架由进出装置、滚轮架线、钢结构托架组成。其中进出装置包括旋转电机、进出电机、齿轮齿条、链轮链条、拨叉、组合轴和支架。托架的起升下降是利用托架两边的滑轮组与卷扬机系统来完成的。货物入库出库时,由托架的滚轮架线和立体养护窑中的支撑轮以及进出机构协同工作来完成。模具入库与出库主要依靠滚轮输送,辅之以拨叉旋转和组合轴机构的伸出实现最终的入库和初始的出库阶段。

3)使用操作步骤

(1)设备送电前

①检查有无杂物存放和人员走动。

②检查堆垛机的水平、垂直强行加/减速开关是否在正确的拨段位置(排除人为误改动开关位置)。

③检查动力电源柜的输送机手动/自动开关位置。

④检查堆垛机电控柜单机/联机、手动/自动开关位置。

(2)设备送电

①检查吊车位置,防止与堆垛机运行时干扰。

②启动服务器、查询站、操作站计算机。

③计算机上启动仓库管理系统。

④在确认立体库作业区域无杂物存放和人员走动后,可以联机操作设备。

4)设备的运维

工作后,必须检查清扫设备,做好日常保养工作,并将各种开关置于原始位置,拉开电源开关,以达到整齐、清洁、润滑、安全。

3.4.3　模台自动存取机

1)功能特点

模台存取机可将振捣密实的水泥构件及模具送至养护窑指定位置,并将养护好的水泥构件及模具从养护窑中取出,送回生产线上,输送到指定的脱模位置。

产品的性能特点如下所述。

①机械式库定位、层定位装置,保证存取机对位准确。

②横向行走电机、提升卷扬机变频调速,快慢有序,自动加速减速,模台无颠簸现象。

③提升时四周装有定位和双向导向装置,以保证升降位置准确。

④升降吊篮设置模台锁紧限位机构,升降过程保证模台不会移动。

⑤根据生产需要可预选存放模台工位,并有自动记忆功能,掉电数据不丢失。

⑥自动过程不需要人工干预,模台识别、定位、存取模台、开闭库门自动完成。

⑦真彩大屏幕直观显示运行状态,一目了然。

2)结构与工作原理

模台存取机由行走系统、大架、提升系统、吊板输送架、取/送模机构、纵向定位机构、横向定位机构、电气系统等组成,其结构如图3.16所示。

图3.16　模台自动存取机

横向行走由变频制动电机驱动,横向行走装有夹轨导向装置、横向定位装置,保证横向走位精度,码垛车与养护窑重复位置精度不变。模台存取机移动到将要出模的位置,首先取模机构伸出,将模具勾住伸缩,并将其拉至吊板输送架驱动模台,到位后,输送架下落。模台存取机横移到正对脱模工位并送至脱模工位。

模台自动存取机独特的架构设计保障了平台在存取过程中全程自动控制、走位精准、升降位置准确,具有运作平稳,安全可靠的超强性能。如自动校正功能,保证了构件摆放平整;全程自动控制系统,可根据生产需要预选存放模台工位,实现无人值守,自动收集信号,自动存入和取出的智能化运行。

3.5　脱模系统

构件在养护库内经8~10 h的养护后,由脱模系统进行脱模。模台由支架转至接近垂直位置时,起重装置即可将构件吊离模台。模具锁死装置等多项安全保护措施可确保平台安全运行。

侧立脱模装置大幅提高了预制构件的起吊效率,最大限度地减少构件在起吊过程中的磕碰现象,保护构件完整、不受损坏。

各个工位具有随动和联动功能,可实现多个模台同时动作,并支持工业以太网通信,从而实现建筑构件的工厂化生产,大大提高了生产效率。

脱模中用到的设备主要是翻板机,翻板机的基本介绍和操作方法如下所述。

1)功能特点

翻板机用于PC构件流水线脱模工位,是墙板类构件的辅助脱模设备,能将模台连同构件一起翻转使之达到构件起吊的要求。

拆除边模的模台通过滚轮输送到达脱模工位,模台锁死装置固定模台,托板保护机构托住制品底边,翻转油缸顶伸,翻转臂开始翻转,翻转角度达到75°~85°时停止翻转,构件被竖直吊走后,翻转装置复位。设备具有手动和自动两种工作模式,可满足不同工况的需要。

2)结构与工作原理

翻板机由翻转装置,托板保护机构,电气系统、液压系统组成。翻转装置由2个结构相同的翻转臂组成,翻模机构又可分为固定台座、翻转臂、托座、模板锁死装置等,如图3.17所示。

图3.17　翻板机

主要的技术参数如下所述。
①翻转力矩:420 kN·m。
②翻转推力:240 kN×2。
③翻转角度:75°~85°。

④翻转速度:≤90 m/s。

⑤同步精度:≤3 %。

⑥托座托力:170 kN。

⑦液压压力:14 MPa。

⑧装机总功率:7.5 kW。

3)使用操作步骤

系统具有安全检测报警功能,安装于设备各部分的传感器用来监测设备的状态,不正确的操作和故障会有提示信息,采用联锁工作控制系统运行,在锁紧和托起不到位的情况下,翻转臂无法举升,防止误操作发生安全事故。

翻板机具有手动和自动两种工作模式,可以通过手动/自动开关进行转换,设备处于自动工作状态时自动指示灯点亮。任何情况下(手动/自动)按下停止按钮设备停止运行。紧急状态下按下急停按钮,切断系统控制电源,系统停止工作。

(1)系统启动

系统上电前检查手动/自动转换开关是否在手动位置,上电顺序为:"01"打开总电源负荷开关,"02"松开急停按钮,"03"打开钥匙开关,"04"单击控制启动按钮启动控制电源,控制启动指示灯亮,同时触摸屏点亮证明系统送电成功。

(2)自动工作

拆除边模后的模台运行到脱模工位后停止,行吊吊钩连接到构件吊装点,单击自动上升按钮,液压系统启动,模台锁紧、构件顶托、侧立翻转各动作按顺序自动完成,翻转过程中吊钩要随构件上升,翻转到位后液压系统自动停止;模台侧立完成后,利用行吊吊走构件完成脱模;单击自动下降按钮,液压系统启动,翻转复位、构件托顶退回、模台锁紧松开各动作按顺序自动完成,液压系统停止;空模台通过辊道输送进入清扫、喷涂工位。

(3)手动工作

手动操作仅适用于设备的调试和故障后的设备复位。单击手动按钮时液压系统会自动启动,单击锁紧按钮模台锁紧装置、构件顶托装置动作锁紧模台;单击松开按钮锁紧系统释放模台和构件;单击上升按钮翻转臂上升;单击下降按钮翻转臂下降;在模台没有被锁紧时禁止启动翻转过程,模台竖起后禁止松开模台锁紧装置。

4)设备的运维

(1)注意事项

①系统启动前要先确认模台位置,如果模台没有到位要先调整使其到达预订的位置,避免锁紧失效问题的发生。

②对构件进行冲洗时要避免水溅到电器和液压系统。

③设备运行时严禁人员、物品进入工作区,确保设备和人员的安全。

④模台翻转过程中,构件与吊钩要始终保持连接状态。

⑤设备出现异常时,应立即按下急停按钮,待故障查明处理完毕后解除急停按钮恢复设备正常运行。

(2)维护保养

①设备停止使用时,确保各机械处于安全位置后关闭总电源,做好设备交接使用记录工作。

②每次使用检查各连接螺栓的连接,保证各连接螺栓无松动、脱落现象。

③每次使用对翻板机操作面板及设备表面进行清理,确保无积尘和污垢。

④每次使用检查液压压力并做好记录,查看液压管路有无漏油情况,如有,应及时进行维修处理。

⑤在检修和保养设备时一定要关闭电源或者使设备处于手动工作状态。

（3）故障处理

故障处理办法见表 3.3。

表 3.3　故障处理方法

序号	故障现象	故障原因	排除方法
1	手动或者自动按钮不起作用	模式选择开关错误	更正
2	自动上升不启动	1. 托座或者翻转臂没有在原位 2. 接近开关故障	1. 手动操作设备复位 2. 调整/更换检测开关
3	手动上升不启动	锁紧没有到位	手动锁紧到位
4	手动松开不启动	翻转没有复位	手动操作设备复位
5	报警器断续鸣响	电机过载	调整液压压力，复位热保护继电器

3.6　行走装置及载体

PC 外墙板混合生产线为一条连续运行的环形生产线，是一套完整的物流体系。其中，生产线行走装置包括行走轮、驱动轮和摆渡车，生产线的载体即为模台。

3.6.1　行走轮和驱动轮

行走轮和驱动轮固定在生产线中，行走轮主要起支撑模台的作用，一般每个模台下面同时有 5 对以上行走轮（根据驱动轮的大小、模台的载荷等进行设计计算）。模台的行走靠驱动轮进行驱动，因此在生产线中，每隔几个行走轮就要放置一个驱动轮，保证模台下方至少有一对驱动轮驱动，行走轮和驱动轮结构分别如图 3.18 和图 3.19 所示。

图 3.18　行走轮　　　　　　　　　　图 3.19　驱动轮

（1）行走导向轮

在生产线中，行走导向轮主要用于模台的导向输送和支撑，布置时需要根据现场的情况决定地面行走轮的安装方式——预埋 H 钢或安装展板。

（2）模台驱动轮

在生产线中，模台驱动轮主要用于模台的输送能力，每个工位需要布置 3 个。在模台行走时，保证每个时刻至少有两个模台驱动轮作用于模台。

3.6.2　摆渡车

1）功能特点

摆渡车用于 PC 构件流水线，是流水线的必备设备，能够带动模台进行平行移动。行走轮和驱动轮只能使模台沿着纵向行走，要使模台横向行走，就必须使用摆渡车。摆渡车是运载模台横向移动，实现切换流水线轨道的设备,摆渡车需成对使用。

产品的性能特点如下所述。

①设备高度智能化,自动执行对位、行走动作。

②在接近目的轨道前会自动减速,到达后会自动对位停车。

③完成工作后自动停机,设备进入待机状态,除信号系统外,动力机构处于歇机零能耗状态。

④采用编程电脑控制传动机构的转速,双小车能同步平稳运行。

⑤运行速度和准确对轨应能自动控制和手动控制。

⑥线间平移小车更加灵活,对流水线上模台的连续通过影响小,提高流水线的生产效率。

⑦行走中有安全防撞装置,如遇到障碍等意外情况,能自动停车并报警提示。

2)结构与工作原理

摆渡车由两个分体小车和电控系统组成。每个分体小车由车架、行走机构、升降机构、液压系统、安全防撞装置及定位装置等组成,其结构如图 3.20 所示。

图 3.20　摆渡车

摆渡车用于模台在流水线滚道间的横向移动,完成模台变轨工作。采用 PLC 控制传动机构的转速,保证两个摆渡车行走速度同步,操作人员只需简单操作,设备就能全自动运行,完成变轨工作后设备自动返回起始工位(也可以不返回),进入待机状态。

摆渡车在轨道上处于一种"行走—同步—停车—行走"的自动往复运行状态。摆渡车工作过程如下所述。

①周转平台通过生产线上的驱动轮装置及摆渡车上的驱动轮组装置进入摆渡车上方,由支撑轮组支撑,达到摆渡车上指定位置。

②行走机构开始工作,横向移动至另一侧工位。

③横向运送车返回原位。

考虑到运输模具过程的复杂工况,摆渡车各部分的位置识别通过固定在车上的感应式启动器和固定在地面上的信号轨进行。

每台升降式摆渡车主要由车体、驱动部分、供电部分、检测部分和控制部分组成。车体部分是四轮行走,驱动部分又分为升降机构的液压泵电机、行走机构的异步电机,供电部分采用超级电容进行储能供电,检测部分采用编码器和校正装置,整车控制部分采用微型计算机。

主要的技术参数如下所述。

①起升力:280 kN。

②行走速度:0~30 m/min。

③行走功率:2.2 kW×2。

④升降功率:1.5 kW×2。

⑤装机总功率:7.5 kW。

3）使用操作步骤

摆渡车功能可靠、操作简单，通过操作面板即可对设备进行控制，一般操作人员经过简单培训都能掌握使用方法，摆渡车具有手动和自动操作功能，手动状态可对摆渡车进行故障复位和调试，自动状态只需按下3个按钮即可自动完成模台的变轨工作。

（1）自动状态

根据生产工艺要求，若需要将一个模台从1号生产线输送到3号生产线，其操作如下：在控制面板上有两排带有编号的按钮和一个启动按钮，分别为摆渡车取模生产线编号按钮、放模生产线编号按钮，取模生产线即需要取走模台的生产线，放模生产线即需要将模台送达的目标生产线，启动按钮为命令执行按钮，操作过程共分3个步骤。

①首先在控制面板上选择并按下"线1取模"按钮，此时"线1取模"按钮指示灯亮起，主控电脑感知到需要从1号生产线取一个模台。

②其次在控制面板上选择并按下"线3放模"按钮，此时"线3放模"按钮指示灯也亮起，主控电脑感知到需要便将模台输送到3号生产线。

③接着在控制面板上按下"启动"按钮，"启动"按钮指示灯亮起，说明主控电脑接受了如下工作指令：从1号生产线取一个模台，把模台输送到3号生产线。此时摆渡车开始自动运行，并执行如下动作：如果摆渡车是首次通电使用会先进行回原点的动作，然后自动执行下面的动作。

A. 摆渡车行走到1号生产线的模台下，自动对准位置并停车。

B. 摆渡车液压举升系统开始工作，举升油缸升起，自动举升至模台脱离1号生产线辊轮，液压系统停机并锁死，控制面板"线1取模"按钮指示灯熄灭。

C. 摆渡车开始从1号生产线向3号生产线移动，在接近3号生产线时自动减速，对准3号生产线后自动停车。

D. 摆渡车液压举升系统开始工作，举升油缸下降，直至模台平稳放在3号生产线辊轮上，举升油缸下降到复位状态，控制面板"线3放模"按钮指示灯熄灭。

E. 摆渡车自动返回起始工位进入待机状态，摆渡系统完成一次模台变轨工作（是否返回起始工位依设备功能需要而不同）。自动工作过程中按下停止按钮，程序立即停止运行。紧急状态下按下急停按钮，切断系统控制电源，系统停止工作。

（2）手动状态

手动操作仅适用于设备的调试和故障后的设备复位。按下手动上升按钮，液压系统启动油缸上升，按下手动下降按钮，液压系统启动油缸下降；按下"线2/3/4取模"按钮，摆渡车向前运动，到达用户选择的工位时自动变为慢速运行，定位灯亮停止移动；按下"线1/2/3放模"按钮，摆渡车向后运动，到达用户选择的工位时自动变为慢速运行，定位灯亮停止移动；前进时按线1取模和后退时按线4放模摆渡车不会移动。

（3）液压系统

调压螺丝往里拧为压力增高，往外松为压力降低，液压系统没有压力显示，在调整液压压力时一定要同时监测液压电机的电流，避免液压电机超载运行。液压油缸下降时如果噪声大且有很大的震动，可以调整单向节流阀平衡模台重量使模台下降平稳。

4）设备的运维

（1）注意事项

①不能向已经停放有模台的工位转运模台，否则会发生冲撞事故。

②设备运行时严禁人员、物品进入工作区，确保设备和人员的安全。

③设备出现异常时，应立即按下急停按钮，待故障查明处理完毕后解除急停按钮恢复设备正常运行。

④伺服系统是高精度电器元件，不得擅自拆卸和维修，如果发生故障要请专业的维修人员进行维修操作。

⑤摆渡车的拖链是尼龙材料，虽有一定强度但要避免重物或者车辆碾压。

（2）维护保养

①设备停止使用时，确保各机械处于安全位置后关闭总电源，做好设备交接记录工作。

②每次使用检查各连接螺栓的连接,保证各连接螺栓无松动、脱落现象。

③每次使用对摆渡车操作面板及设备表面进行清理,确保无积尘和污垢。

④每次使用检查检测开关和信号轨对位情况,如有偏差及时调整。

⑤检查液压管路系统如有漏油,要及时修理并添加液压油。

⑥在检修和保养设备时一定要关闭电源或者使设备处于手动工作状态。

(3)故障处理

故障处理方法见表3.4。

表 3.4　故障处理方法

序　号	故障现象	故障原因	排除方法
1	不能选择取模或者放模工位	设备处于手动状态	转到自动工作状态
2	自动不能启动	选择的工位有障碍	重新选择
3	蜂鸣器鸣响	电机过载	排除故障后复位
4	不能前进或者后退	1.摆渡车限位开关动作 2.液压升降不到位 3.检测开关故障	1.清除障碍 2.手动升降 3.调整或更换检测开关
5	伺服驱动报警	—	请联系专业维修人员

3.6.3　模台

PC 构件预制厂为生产线作业,而模台的成型过程就是在一条完整的生产线上完成的,一条生产线根据其生产能力可以生产几十个甚至更多的模台。模台为生产 PC 构件的一种载体,是现浇钢筋混凝土楼板的一种大型的工具式模板,板类混凝土构件生产线都是基于模台进行工作,比如混凝土的布料、振捣、成型、养护等,其中运输模台的升降式摆渡车也包含在整个生产线作业中,并实现模台的横移工作。模台具有工具式、通用化、流动性的特点,可生产不同尺寸的墙板和楼板,而且可同时生产多种构件,如图3.21 所示。

图 3.21　模台

3.6.4　辊道系统

1)功能特点

辊道系统用于 PC 构件流水线,既是流水线的主体部分,也是模台循环运行的载体。

辊道系统用于整条自动化生产线的模台周转、输送,衔接各个功能区,使整个生产过程形成流水作业。系统具有联动和随动操作功能,预养库工位能够按照预先定义的时间节拍自动运行。控制系统具有远程监控端口,可以远程监控整条生产线的运行。

2)结构与工作原理

辊道系统由滚轮支架、无级调速摩擦轮驱动装置、中央控制系统、工位操作台、检测装置等组成;输送辊道涉及多个工位,每个工位由多个支撑轮多个驱动装置组成,驱动装置呈之字形交叉排列,在每个工位的末端设置现场操作装置和模台限位装置,所有电气系统都和中央控制系统相连接,集中控制。电气控制系统由 PLC 主控系统、变频控制系统、现场操作台、大屏幕触摸显示屏组成。

主要技术参数如下所述。

①滚轮间距:≤1 500 mm。

②滚轮高度:≤400 mm。

③驱动功率:1.1 kW。

④运行速度:0~20 m。

⑤装机功率:1.1 kW×112=123 kW。

3)使用操作步骤

控制系统主要通过安装于现场的操作台进行操作,操作台上有停止、启动按钮和报警指示灯。停止按钮具有自锁功能,当停止按钮按下后无论当前工位处于哪种工作模式,模台都不会运行。控制系统的触摸屏主要用来查看系统的运行状态,在系统运行过程中不进行任何的操作,以免发生安全事故。

(1)系统启动

系统送电前确认各工位都处于安全状态,按下总停按钮,合上总电源空气开关控制面板上的电压表,电源指示灯点亮系统送电成功。如果控制系统有报警发生要先查明原因,故障排除后松开总停按钮,系统启动成功投入运行。

(2)手动功能

辊道系统每两个工位的中间设有操作台,可以实现对单个模台的前进、后退点动操作(特殊工位才有),也能实现相邻工位的联动操作;设置声光报警装置,模台运行过程报警提醒。特殊工位(振动/翻转)的点动操作:按下前进按钮,当前工位的模台启动前进,松开前进按钮模台停止;按下后退按钮,当前工位的模台启动后退,松开后退按钮模台停止;点动操作适用于调试过程和需要精确定位模台位置的工位。联动操作:当前方工位为空时,单击启动按钮当前工位的模台启动向前运行,模台运行到前方工位触动限位开关模台减速停止,至此完成一个模台的运送过程,正常工作中应使用联动操作,模台运行过程中如遇紧急情况可以按下停止按钮模台停止运行,停止按钮具备自锁功能,要想恢复运行需要先松开停止按钮,然后根据情况再启动系统运行。

(3)自动功能

静置工位具有自动运行的功能,自动开关拨到自动位置即启动自动功能,当前方工位为空时会自动启动模台运行,模台到达前方工位定位停止完成模台的自动移动;当不启用自动功能时工位功能和普通工位相同。

(4)多工位联动

辊道系统具备多工位联动功能,相邻的 5~6 个工位可同时启动运行,到位后各自停止。各个工位的工作都完成后,处于前方的工位启动运行后,后面的工位不必等到前方工位运行到位腾出工位后再启动,后面的工位可依次启动运行,模台运行到下一个工位后自动停止运行。当前方工位因为故障停机时后方的工位也会随之停止,联动操作模台间要有一定的距离避免相撞。

(5)倒退功能

模台运行出现异常后可以启动倒退功能调整模台位置,倒退功能在触摸屏上进行操作,操作时先按下总停按钮(首先观察整个生产线运行状态),单击屏幕上的反转调试按钮进入反转调试画面,进入画面后松开总停按钮,单击手动关闭按钮启动手动功能。单击相应的工位按钮,对应的工位电机反转倒退,这时不会自己停止,要密切注意模台运行状态,要想停止模台的倒退再次单击相应的工位按钮模台停止运行,或者单击停止按钮,所有手动的模台停止运行,按下对应工位操作箱上的停止按钮也可以停止模台的运行。退出手动倒退功能,首先关闭手动功能才能退出手动调试画面,退出前所有工位必须都处于停止状态。入库通道工位和入库前工位操作台有手动倒退按钮,不必在触摸屏上操作,如果需要倒退,按下对应的按钮即可,按钮是点动操作按下按钮倒退松开停止,倒退时请注意人员和设备的安全。

4)设备的维护

机器应定期检修、注意保养和润滑,检修时严禁将工具、螺钉和其他杂物遗落在机器内。

第4章 装配式建筑 PC 构件智能产线控制系统

4.1 控制系统简介

控制是根据某种原理或方法,使特定对象(被控对象)的某些物理量(被控量)按照预期规律变化的操纵过程。控制分为自动控制和人工控制。在装配式建筑 PC 构件智能产线控制系统中两种控制方式并存,具体依据是任务需求采用相应的控制方式。

4.1.1 概念

1)人工控制

人工控制(Manual Control)是指由人直接或间接操作执行装置的控制方式。

2)自动控制

自动控制(Automatic Control)是指在没有人直接参与的情况下,利用外加设备或装置(或称为控制装置或控制器),使机器、设备或生产过程(统称为被控对象)的某个工作状态或参数(称为被控量)自动地按照预定的规律运行。

自动控制原理如图4.1所示。

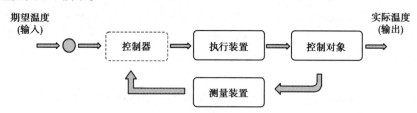

图4.1 自动控制原理图

①控制装置——外加的设备或装置,也称控制器。

②被控对象——被控制的机器或物体。

③被控量——被控制的工作状态或参数等物理量,也称输出量。

④给定量——要求被控量所应保持的数值,也称输入量,或称参考输入。

⑤扰动量——妨碍给定量对被控量进行正常控制的所有因素,也称扰动输入。

4.1.2 控制系统的概念与控制原理

1)自动控制系统

自动控制系统(Control System)是指由被控对象和自动控制装置按一定方式联结起来的,以完成某种自动控制任务的有机整体。

2)控制系统的控制方式

自动控制系统一般有3种基本控制方式,即开环控制、闭环控制和复合控制。

(1)开环控制

开环控制是一种控制器与被控对象之间只有顺向作用而没有反向联系的控制过程,信号流动由输入端到输出端单向流动,如流水线的辊道系统就属于开环控制。

开环控制原理如图4.2所示。

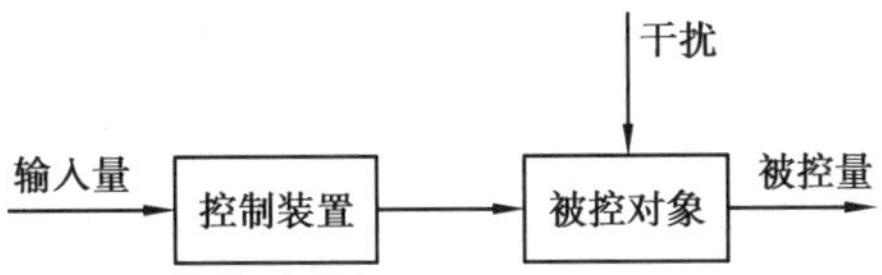

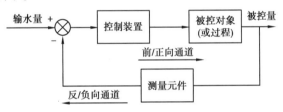

图 4.2　开环控制原理图

开环控制系统特征:无反馈量。

开环控制优点——结构简单,系统稳定性好,调试方便,成本低。

开环控制缺点——控制精度低,抗干扰性能差。

适用性:输入量和输出量之间的关系固定,且内部参数或外部负载等扰动因素不大,或这些扰动因素可以预测并进行补偿。

特点:一般来说,高精度的开环控制系统要求所有的元部件都有较高的精度和很稳定的性能。

(2)闭环控制

系统中信号流向输出信号,沿反馈通道回到系统的输入端,构成闭合通道,故称闭环控制系统或反馈控制系统。

定义:闭环控制是指自动控制系统的输出量对系统的控制作用有影响的控制过程,也称反馈控制系统,如养护窑温度、湿度控制系统及振捣系统就属于闭环控制。

闭环控制原理如图 4.3 所示。

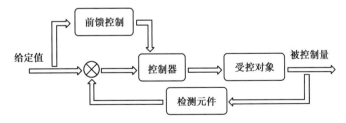

图 4.3　闭环控制原理图

闭环控制的机理:检测偏差,纠正偏差。

闭环控制系统的优点:控制精度高,抗干扰能力较强。

闭环控制系统的缺点:系统结构复杂,经济成本高,同时,由于系统中信号形成了闭合回路,易造成系统的不稳定。

适用性:系统控制精度要求高。

(3)复合控制

前馈补偿控制:测量出外部作用,形成与外部作用相反的控制量与外部作用共同使被控量基本不受影响。

复合控制具有两种基本形式。

①按输入前馈补偿的复合控制。

按输入前馈补偿的复合控制系统原理如图 4.4 所示。

图 4.4　按输入前馈补偿的复合控制系统原理图

②按扰动前馈补偿的复合控制。

按扰动前馈补偿的复合控制系统原理如图 4.5 所示。

特征:开环控制和闭环控制的有机结合。

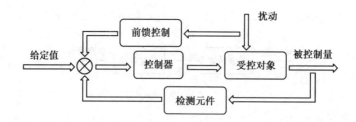

图 4.5　按扰动前馈补偿的复合控制系统原理图

适用性:各项性能要求都很高的系统。

4.2　SCADA 系统简介

4.2.1　SCADA 系统概念

SCADA(Supervisory Control And Data Acquisition)系统,即数据采集与监视控制系统。在智能产线中可以实现实时数据采集与远程监视与控制。

4.2.2　硬件

通常 SCADA 系统分为两个层面,即客户/服务器体系结构。服务器与硬件设备通信,进行数据处理和运算。而客户用于人机交互,如用文字、动画显示现场的状态,并可以对现场的开关、阀门进行操作。还有一种"超远程客户",其可以通过 Web 发布在互联网上进行监控。硬件设备(如 PLC)一般既可以通过点到点方式连接,也可以总线方式连接到服务器上。点到点连接一般通过串口(RS232)实现,总线方式可以通过 RS485、以太网等连接方式实现。

SCADA 系统网络拓扑图如图 4.6 所示。

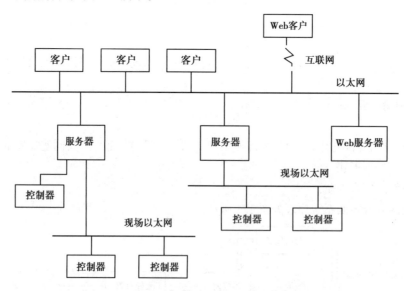

图 4.6　SCADA 系统网络拓扑图

4.2.3　软件

SCADA 由很多任务组成,每个任务完成特定的功能。位于一个或多个机器上的服务器负责数据采集和数据处理。服务器间可以相互通信,有些系统将服务器进一步划分为若干专门服务器,如报警服务器、记录服务器、历史服务器和登录服务器等。

4.2.4　通信

SCADA 系统中的通信分为内部通信、与 I/O 设备通信和外界通信。客户与服务器间以及服务器与服务器间一般有 3 种通信形式,即请求式、订阅式与广播式。设备驱动程序与 I/O 设备通信一般采用请求式,大多数设备都支持这种通信方式,当然也有的设备支持主动发送方式。SCADA 通过多种方式与外界通信,如 OPC,一般都会提供 OPC 客户端,用来与设备厂家提供的 OPC 服务器进行通信。因为 OPC 有微软内定的标准,所以 OPC 客户端无须修改就可以与各家提供的 OPC 服务器进行通信。

SCADA 系统通信原型如图4.7 所示。

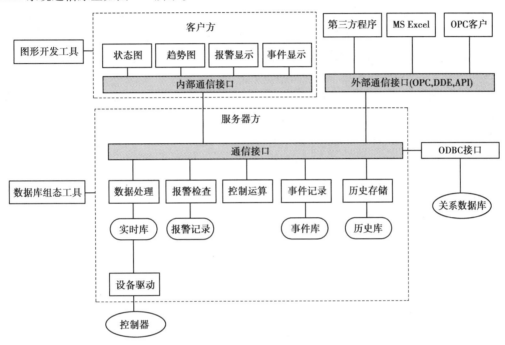

图4.7　SCADA 系统通信原理图

4.2.5　系统构成

SCADA 系统主要有以下组成部分:监控计算机、远程终端单元、可编程逻辑控制器、通信基础设施、人机界面。

1)监控计算机

监控计算机是 SCADA 系统的核心,收集过程数据并向现场连接的设备发送控制命令。其是指负责与现场连接控制器通信的计算机和软件,这些现场连接控制器是 RTU 和 PLC,包括运行在操作员工作站上的 HMI 软件。在较小的 SCADA 系统中,监控计算机可能由一台 PC 组成,在这种情况下,HMI 是这台计算机的一部分。在大型 SCADA 系统中,主站可能包含多台托管在客户端计算机上的 HMI,多台服务器用于数据采集、分布式软件应用程序以及灾难恢复站点。为了提高系统的完整性,多台服务器通常配置成双冗余或热备用形式,以便在服务器出现故障的情况下提供持续的控制和监视。

2)远程终端单元

远程终端单元也称 RTU,连接过程中的传感器和执行器,并与监控计算机系统联网。RTU 是"智能 I/O",并且通常具有嵌入式控制功能,例如梯形逻辑可以实现布尔逻辑操作。

3)可编程逻辑控制器

可编程逻辑控制器也称为 PLC,它们连接过程中的传感器和执行器,并以与 RTU 相同的方式联网到监控系统。与 RTU 相比,PLC 具有更复杂的嵌入式控制功能,并且采用一种或多种 IEC 61131-3 编程语言进行编程。PLC 经常被用来代替 RTU 作为现场设备,因为它们更经济、功能更多、更灵活和可配置。

4）通信基础设施

通信基础设施将监控计算机系统连接到 RTU 和 PLC,并且可以使用行业标准或制造商专有协议。RTU 和 PLC 都使用监控系统提供的最后一个命令,在过程的近实时控制下自主运行。通信网络的故障并不一定会停止工厂的过程控制,而且在恢复通信时,操作员可以继续进行监视和控制。一些关键系统将具有双冗余数据高速公路,通常通过不同的路线进行连接。

5）人机界面

人机界面(HMI)是监控系统的操作员窗口。它以模拟图的形式向操作人员提供工厂信息,模拟图是控制工厂的示意图,以及报警和事件记录页面。HMI 连接到 SCADA 监控计算机,提供实时数据以驱动模拟图、警报显示和趋势图。在许多安装中,HMI 是操作员的图形用户界面,收集来自外部设备的所有数据,创建报告、执行报警、发送通知等。

模拟图由用来表示过程元素的线图和示意符号组成,或者可以由工艺设备的数字照片覆盖动画符号组成。

工厂的监督操作是通过 HMI 进行的,操作员使用鼠标指针、键盘和触摸屏发出命令。例如,泵的符号可以向操作员显示泵正在运行,并且流量计符号可以显示通过管道泵送了多少流体。操作员可以通过单击鼠标或触摸屏幕从模拟器切换泵。HMI 将显示管道中流体的流量实时减少。

SCADA 系统的 HMI 通常包含一个绘图程序,操作员或系统维护人员用来改变这些点在接口中的表示方式。"历史记录"是 HMI 中的一项软件服务,它在数据库中存储带时间戳的数据、事件和报警,可以查询或用于填充 HMI 中的图形趋势。

装配式建筑 PC 构件智能产线平台架构如图 4.8 所示。

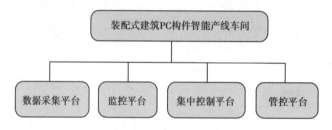

图 4.8　装配式建筑 PC 构件智能产线平台架构图

装配式建筑 PC 构件智能产线平台界面如图 4.9 所示。

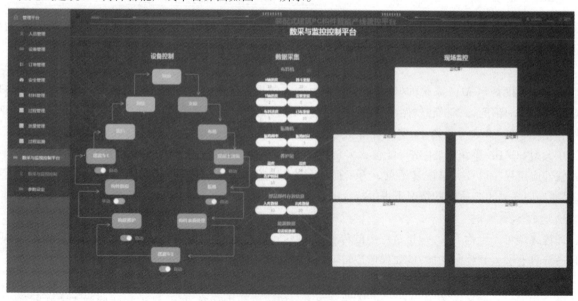

图 4.9　装配式建筑 PC 构件智能产线平台界面

4.3　中央控制系统

装配式建筑 PC 构件智能产线控制系统架构如图 4.10 所示。

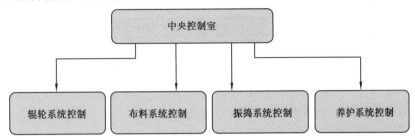

图 4.10　装配式建筑 PC 构件智能产线控制系统架构图

4.3.1　控制系统组成

控制系统由流水线控制系统、横移车控制系统、布料机控制系统、振捣机控制系统、翻板机控制系统、中央控制系统、视频监控系统、SCADA 系统构成。

设备控制显示设备运行状态,部分设备进行手自操作切换。单击可以手自动切换操作的设备,显示对设备操作动作如图 4.11 所示。

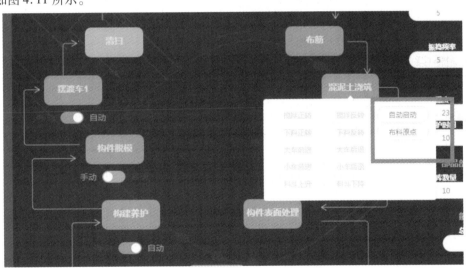

图 4.11　装配式建筑 PC 构件智能产线中央控制系统界面

4.3.2　各子系统控制原理

1) 流水线控制系统和摆渡车控制系统

(1) 流水线控制系统原理

对于流转模台而言,被控量是模台,通过开启开关控制驱动电机按照既定速度旋转而带动驱动轮旋转,驱动轮通过外面包裹的橡胶与模台产生的摩擦力使模台开始运动,而导向轮使模台按照设定好的方向运动,当模台运动到指定位置时通过行程开关使控制开关关闭。

辊道系统控制柜如图 4.12 所示。

流水线模台控制原理如图 4.13 所示。

图 4.12　辊道系统控制柜

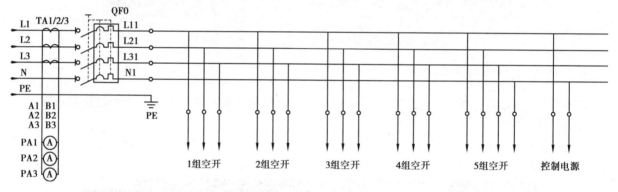

图 4.13　流水线模台控制原理

（2）流水线电路图

流水线空开接线电路如图 4.14 所示。

图 4.14　流水线空开接线电路

流水线控制柜接线电路如图 4.15 所示。

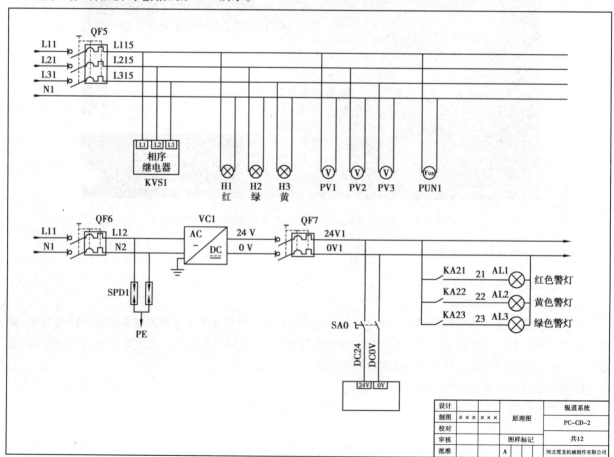

图 4.15　流水线控制柜接线电路

流水线电机 M1—M4 接线电路如图 4.16 所示。

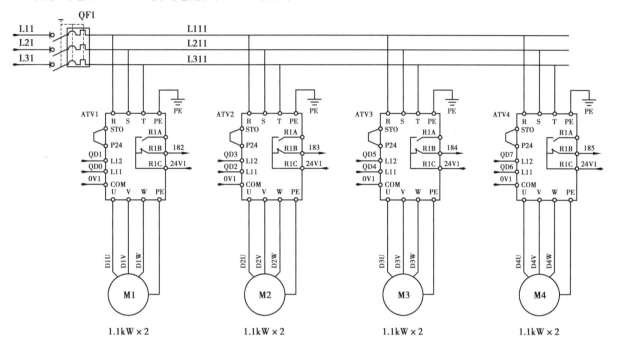

图 4.16　流水线电机 M1—M4 接线电路

流水线电机 M5—M8 接线电路如图 4.17 所示。

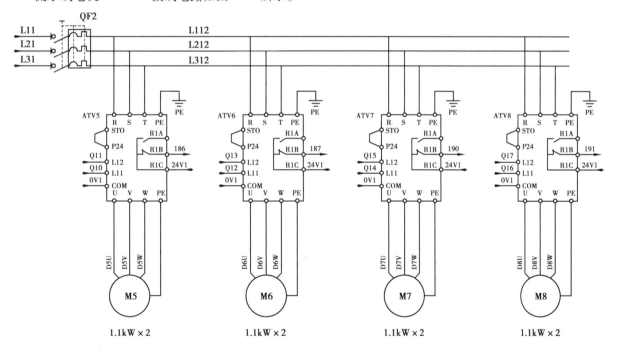

图 4.17　流水线电机 M5—M8 接线电路

流水线电机 M9—M12 接线电路如图 4.18 所示。

流水线电机 M13—M14 接线电路如图 4.19 所示。

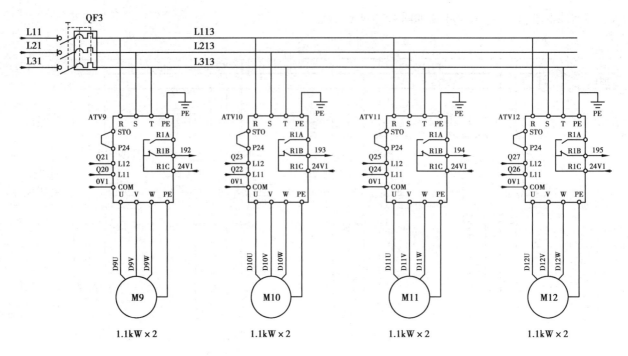

图 4.18　流水线电机 M9—M12 接线电路

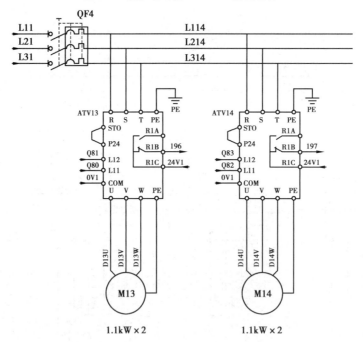

图 4.19　流水线电机 M13—M14 接线电路

流水线接线电路如图 4.20 所示。

流水线控制屏接线电路如图 4.21 所示。

流水线各工位接线电路如图 4.22 所示。

流水线控制柜及工位控制面板示意图如图 4.23 所示。

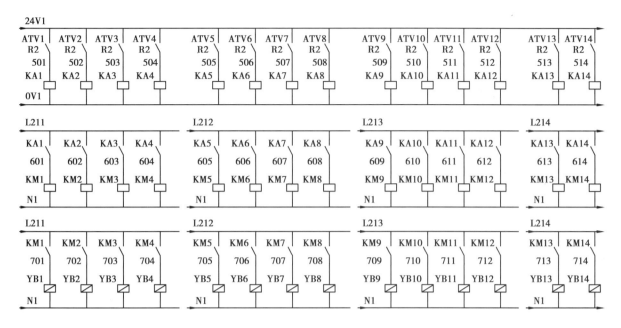

图 4.20 流水线接线电路

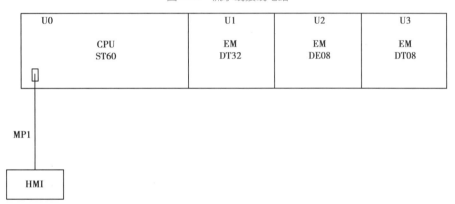

图 4.21 流水线控制屏接线电路

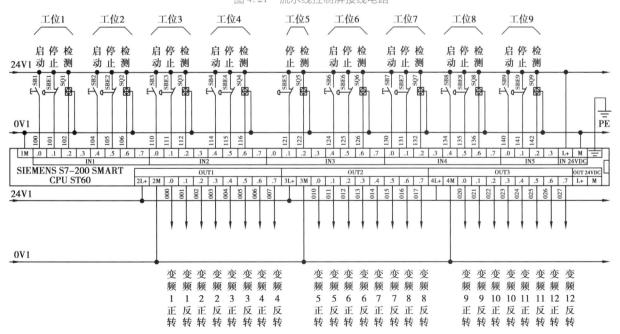

图 4.22 流水线各工位接线电路

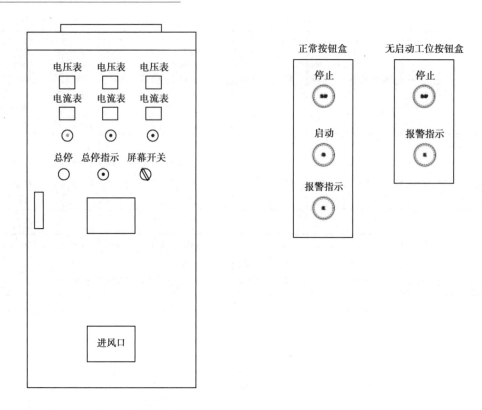

图 4.23　流水线控制柜及工位控制面板示意图

(3)摆渡车控制原理

摆渡车控制台与控制柜如图 4.24 所示。

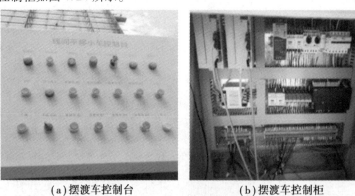

(a)摆渡车控制台　　　　(b)摆渡车控制柜

图 4.24　摆渡车控制台与控制柜

摆渡车控制原理图如图 4.25 所示。

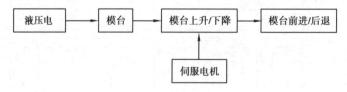

图 4.25　摆渡车控制原理图

(4)摆渡车电路图

摆渡车控制原理图如图 4.26 所示。

摆渡车控制柜接线原理图如图 4.27 所示。

摆渡车电机接线原理图如图 4.28 所示。

摆渡车 PLC 接线原理图如图 4.29 所示。

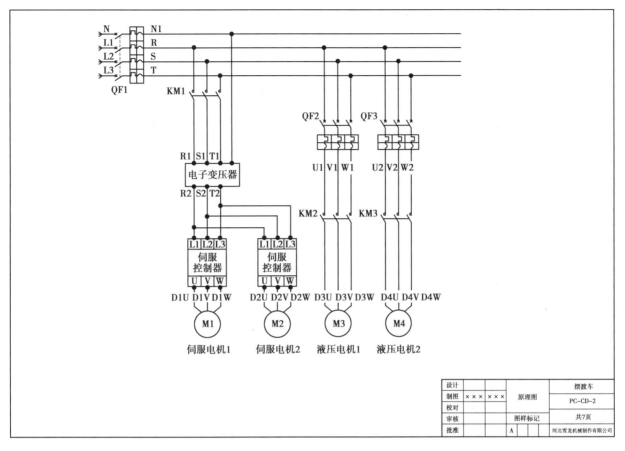

图 4.26　摆渡车控制原理图

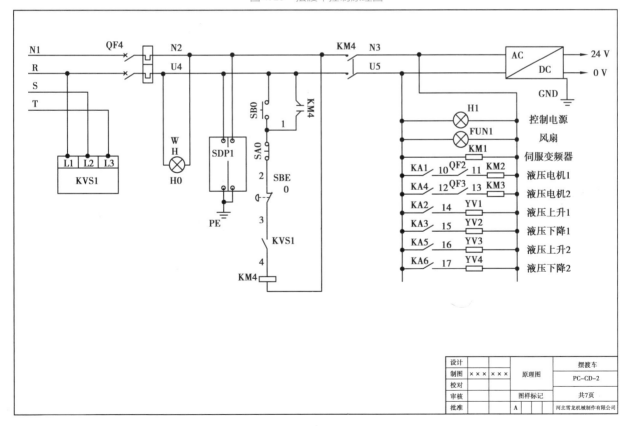

图 4.27　摆渡车控制柜接线原理图

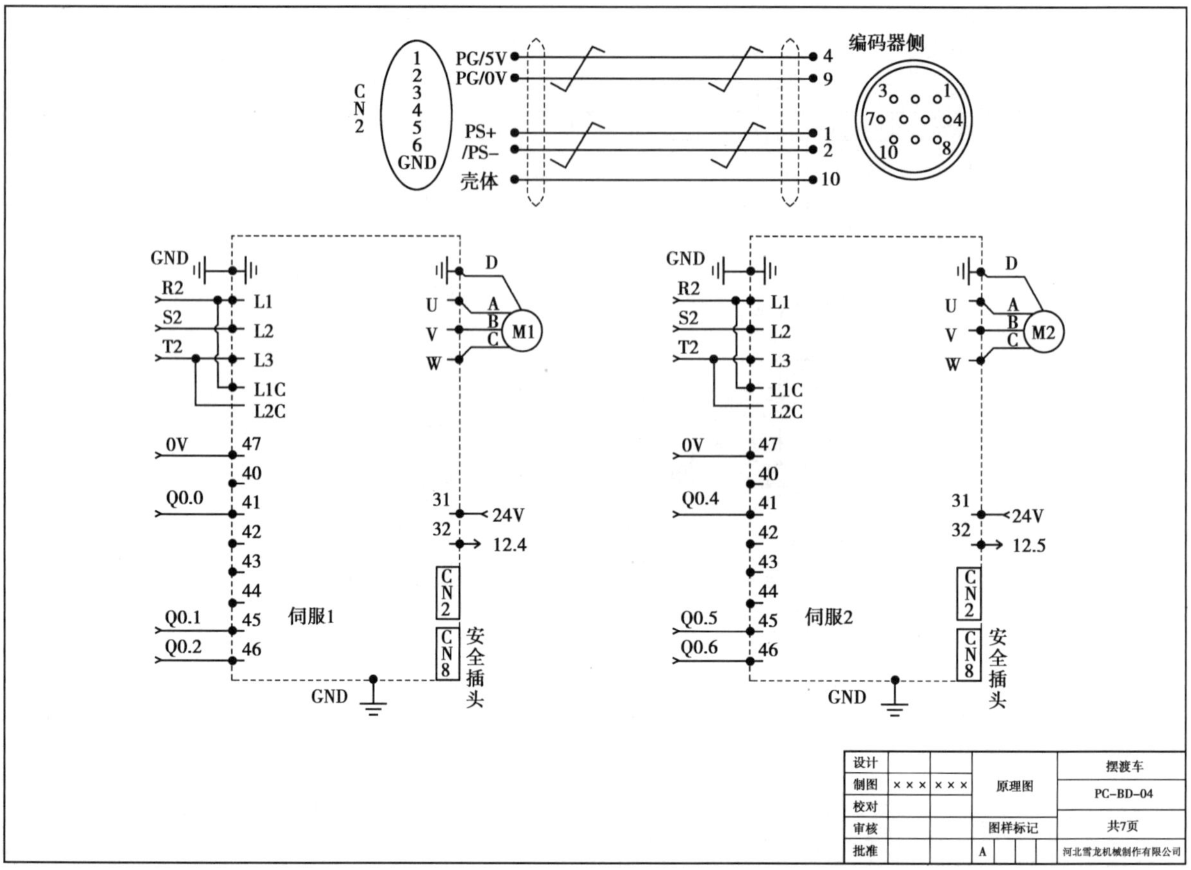

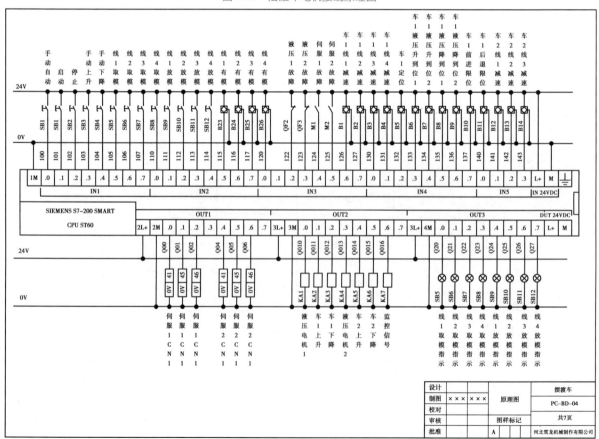

图 4.28　摆渡车电机接线原理图

图 4.29　摆渡车 PLC 接线原理图

PLC 数字量输入/输出模块接线原理图如图4.30所示。

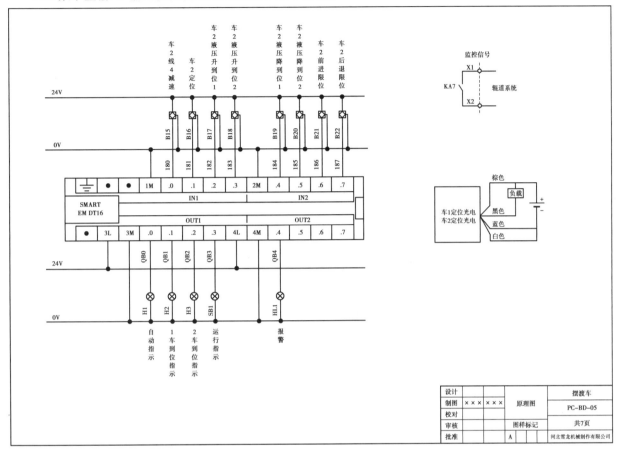

图4.30　PLC 数字量输入/输出模块接线原理图

2）布料机控制系统

布料机控制柜如图4.31所示。

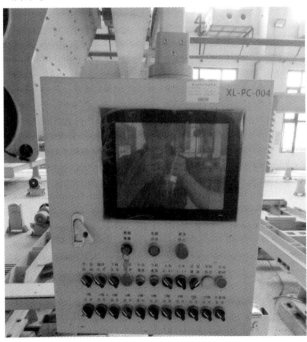

图4.31　布料机控制柜

布料控制流程如图 4.32 所示。

布料机布料规划表见表 4.1。

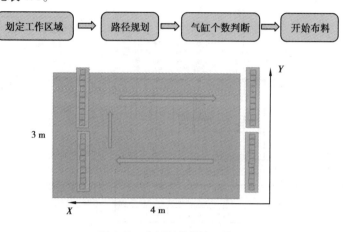

图 4.32　布料机控制流程图

表 4.1　布料机布料规划表

长 X/mm	4 000	4 000	3 000
宽 Y/mm	3 000	2 000	1 500
打开阀门序号	1—10	1:1—10 2:8—10	1:1—10
布料机阀门总宽度/mm	1 500		
布料机阀门个数/个	10	1:10 2:3	10
平均每个阀门宽度/mm	150		
运行路径			

布料机的布料均匀程度取决于下述几个因素。

①布料机的运行轨迹。

②布料机的行走速度。

③布料机的布料速度。

如果在布料机运行轨迹规划好的情况下,布料机也能够匀速行走,匀速布料能确保布料均匀,但是这是一个理想状态。如果在布料过程中由于混凝土的配比等造成混凝土下料速度不均匀,那么就有可能布料不均匀。那么在判定布料是否均匀的同时能够随时控制布料机的行进轨迹、速度和布料阀门的开关就可以实现智能控制布料机布料的均匀程度。在布料机路线规划好以后,布料机行走速度、下料速度匀速的情况下,判定方式可以采用视频监控和图像识别的方法来判定布料的均匀程度,在误差不是很大的情况下通过振捣混凝土料就能处于相对均匀的状态。

电动机扭矩:$T = \dfrac{9550P}{n}$

轮轨摩擦力:$F = \mu F_{N}$

加速度:$a = \dfrac{F}{m}$

制动时间：$t = \dfrac{v}{a}$

制动距离：$s = vt$

（1）控制原理

布料机控制原理图如图 4.33 所示。

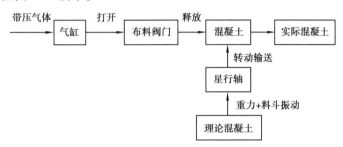

图 4.33 布料机控制原理图

布料机控制系统属开环自动控制系统，布料机布料控制由汽缸控制布料阀门开启与关闭，并通过星形轴的转动进行定量布料，料斗外侧装有振动电机，可以使附着在料斗侧壁的配料流下，同时可以多口同时布料，提高了布料效率。

（2）电路图

布料机电机控制接线原理图如图 4.34 所示。

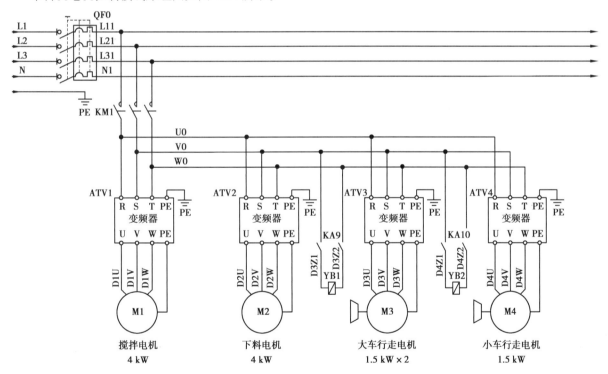

图 4.34 布料机电机控制接线原理图

布料机电机控制接线原理图如图 4.35 所示。

布料机继电器接线原理图如图 4.36 所示。

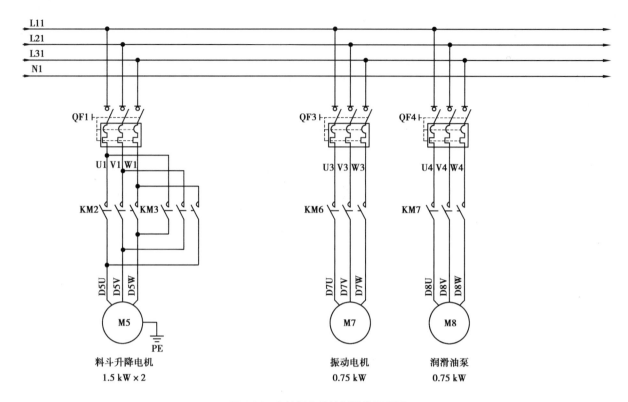

图 4.35　布料机电机控制接线原理图

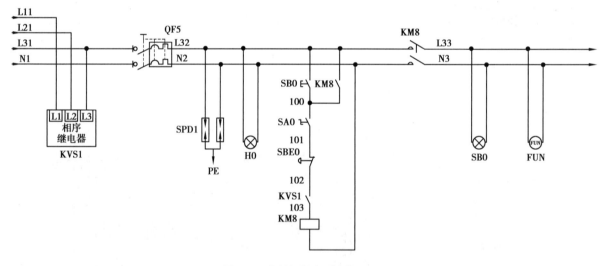

图 4.36　布料机继电器接线原理图

布料机接线原理图如图 4.37 所示。

布料机报警与制动接线原理图如图 4.38 所示。

布料机变频器接线原理图如图 4.39 所示。

布料机 PLC 模块组合示意图如图 4.40 所示。

布料机 PLC 接线原理图如图 4.41 所示。

布料机 PLC 数字量输入/输出模块接线原理图如图 4.42 所示。

布料机 PLC 数字量输入/输出模块变频器与称重模块接线原理图如图 4.43 所示。

布料机 PLC 数字量输入/输出模块阀门控制接线原理图如图 4.44、图 4.45 所示。

布料机控制面板示意图如图 4.46 所示。

布料机气动控制原理图如图 4.47 所示。

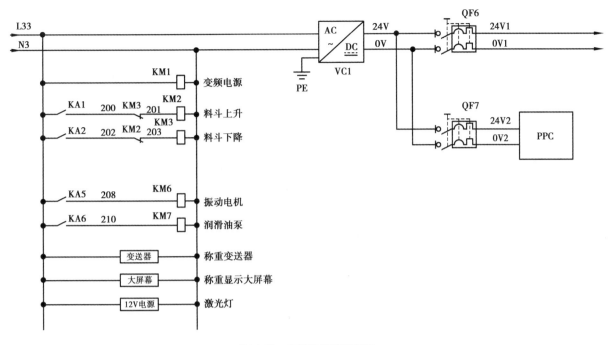

图 4.37　布料机接线原理图

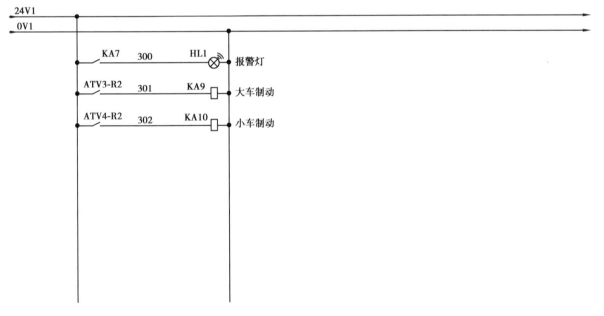

图 4.38　布料机报警与制动接线原理图

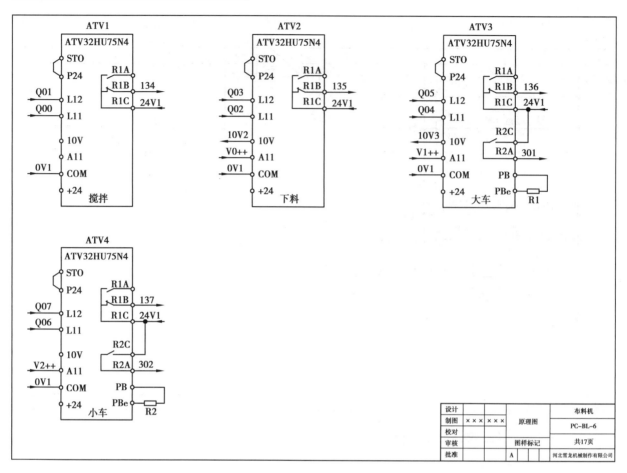

图 4.39　布料机变频器接线原理图

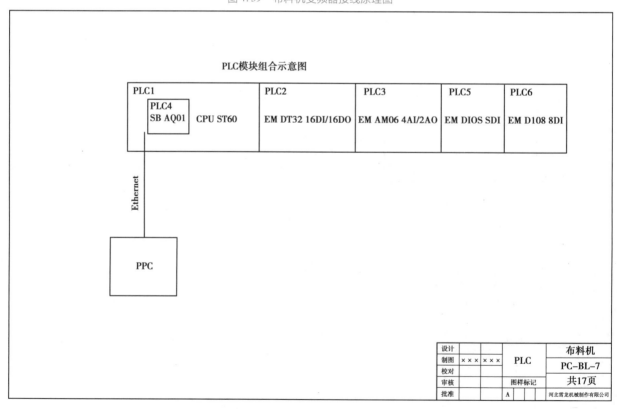

图 4.40　布料机 PLC 模块组合示意图

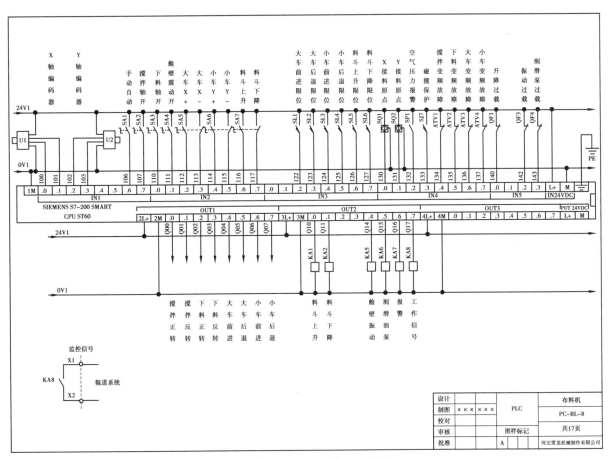

图 4.41　布料机 PLC 接线原理图

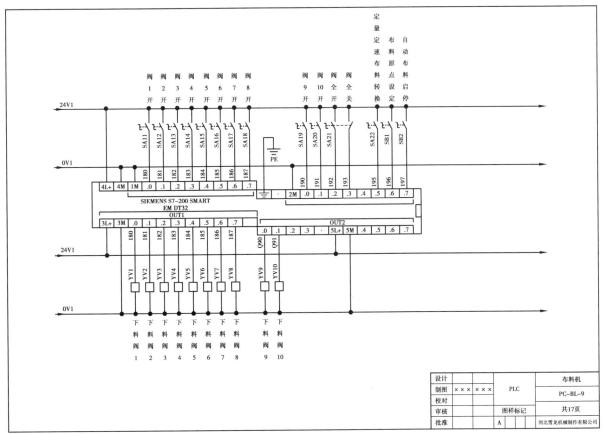

图 4.42　布料机 PLC 数字量输入/输出模块接线原理图

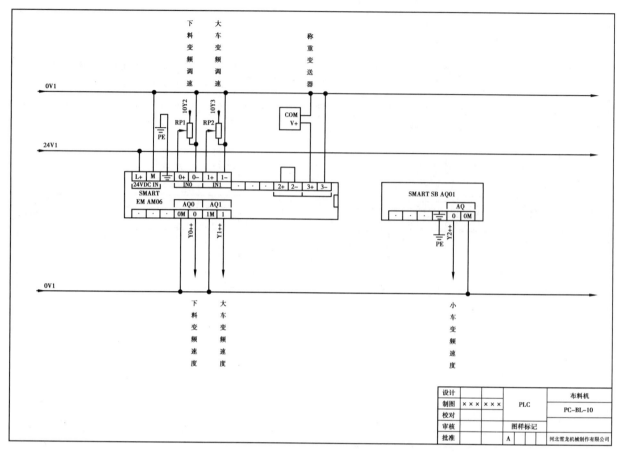

图 4.43　布料机 PLC 数字量输入/输出模块变频器与称重模块接线原理图

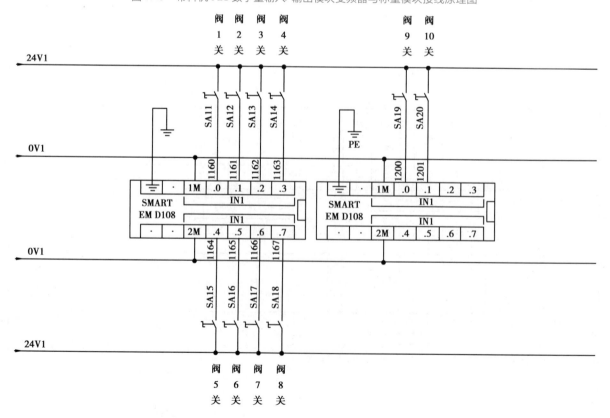

图 4.44　布料机 PLC 数字量输入/输出模块阀门控制接线原理图

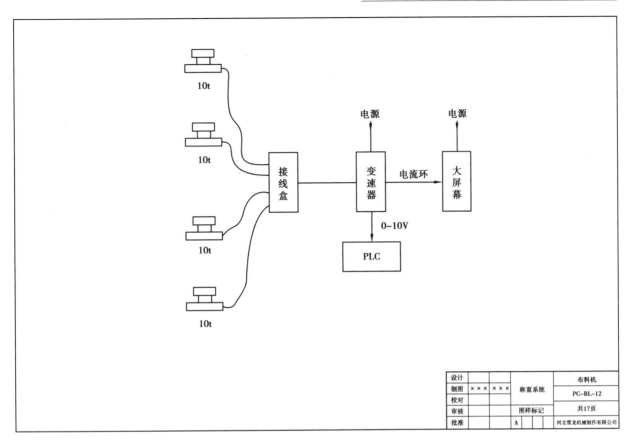

图 4.45　布料机 PLC 数字量输入/输出模块阀门控制接线原理图

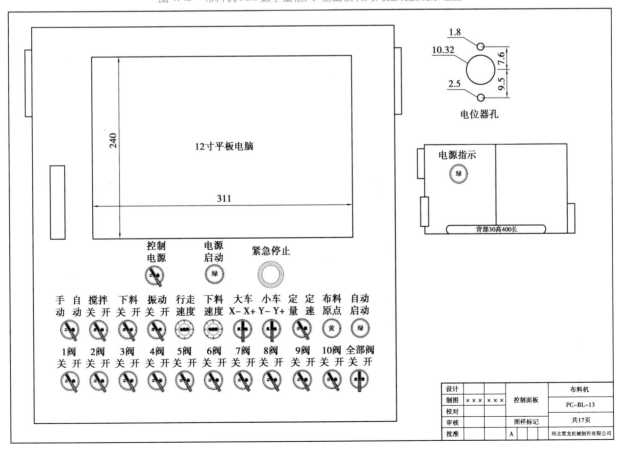

图 4.46　布料机控制面板示意图

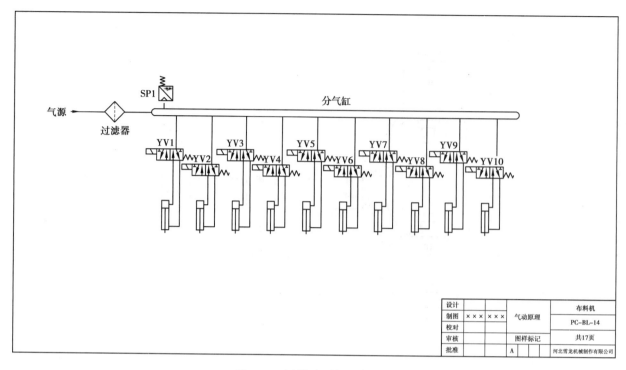

设计				气动原理		布料机
制图	×××	×××				PC-BL-14
校对						共17页
审核				图样标记		
批准				A		河北雪龙机械制作有限公司

图4.47　布料机气动控制原理图

3）振捣机控制系统

振捣机控制台与控制柜如图 4.48 所示。

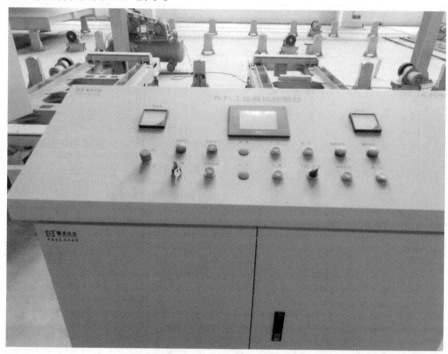

图4.48　振捣机控制台与控制柜

（1）振捣机控制原理

振捣机控制原理图如图 4.49 所示。

布料完成后,通过减振升降装置将模台升起,模台与振动台锁紧为一体。振动台起升后,根据构件生产工艺需要设定并调整振动参数,通过振动装置将模具中混凝土振捣密实。

物料颗粒受迫振动的惯性力和振幅、振动频率、被振物料的特性和振动加速度有关。因此根据实际工况的需要合理选择各振动参数可实现良好的密实。

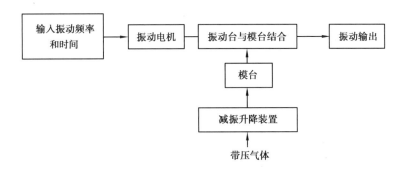

图 4.49   振捣机控制原理图

物料的固有频率是由物料颗粒的质量(粒径)来决定的,因此可以根据混凝土物料颗粒的质量(粒径)确定振动的频率,振幅的选择是根据混凝土料的性质和振动频率来确定的。

在实际工况中,同一种水泥混凝土物料,选择的振幅应与之前所选择的振动频率相协调才能达到最理想的效果,$V_{\max}=a_0\pi\omega=2\pi a_0 f$。

泛浆是指浇注料浇灌后到开始凝结期间,由于泌水造成浮浆的现象。泌水是指固体粒子下沉,水上升,浇注料发生沉降收缩,并在表面析出水的现象。浮浆是指由水泥泌水造成的在浇注料表面浮起的松软层物质。少量泛浆对保证施工质量是必要的,因为这表明固体粒子已下沉,浇注料已收缩并趋于密实。特别是低水分浇注料振动成型时,开始泛浆往往显示浇注料已较密实,可以停止振动。少量泛浆还可防止浇注料表面过快干燥,便于表面修整。

大量泛浆是有害的,因为泛浆可使浇注件硬化后表面层的浇注料强度减弱,并产生大量容易剥落的"粉层"。如果浇注料是分层浇注的,若不设法除去表面层上的这些浮浆,则会损害每层浇注料之间的黏结。一些上升的水还会聚结在骨料的下方,硬化后成为空隙,出现弱黏结带。上升的水蒸发后留下水的通道,降低了浇注料的强度和抗蚀性。在和模板的交界面上,泌水时会把水泥浆带走,仅留下骨料,出现"砂纹"现象,使强度下降。

通过多次振捣试验,对同一种配比的混凝土材料设置不同的振动频率和时间就可以找到泛浆率最佳状态。可以参照"prEN 480-4-1991 混凝土、砂浆混合物的试验方法第四部分泛浆率的测定"来进行试验。

(2)振捣机电路图

振捣机振动电机接线原理图如图 4.50 所示。

振捣机交流/直流接线原理图如图 4.51 所示。

振捣机 PLC 与控制面板接线原理图如图 4.52 所示。

振捣机控制面板示意图如图 4.53 所示。

振捣机启动控制原理图如图 4.54 所示。

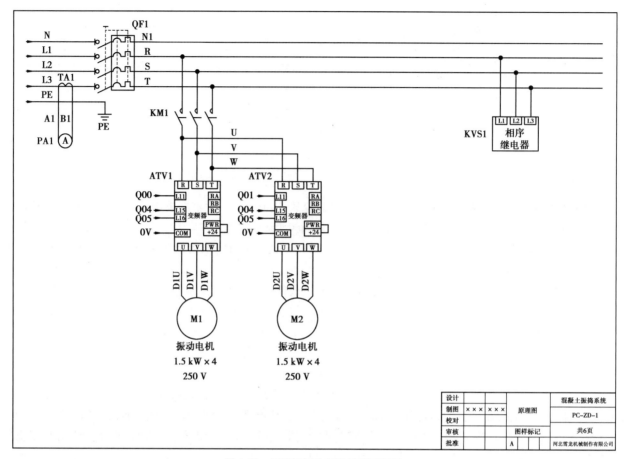

图 4.50　振捣机振动电机接线原理图

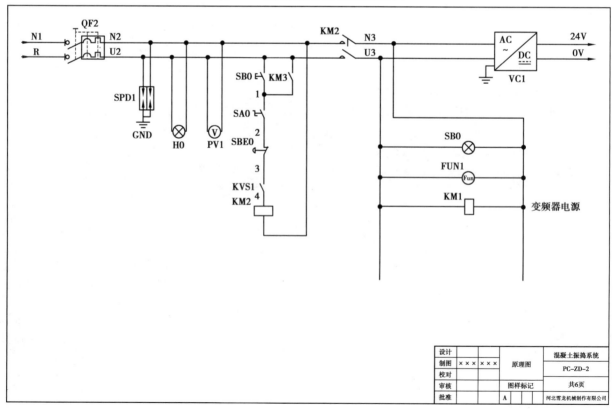

图 4.51　振捣机交流/直流接线原理图

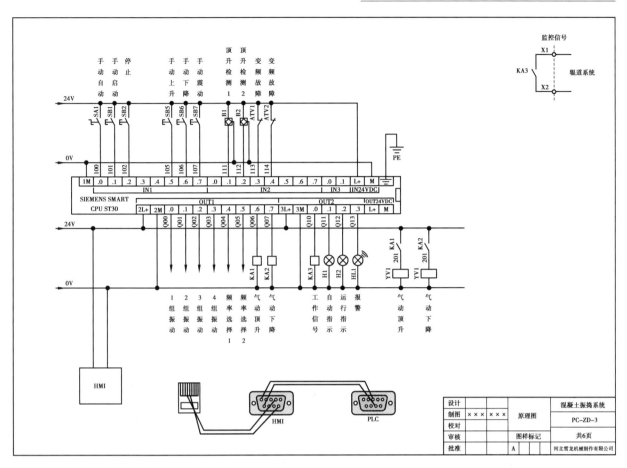

图 4.52   振捣机 PLC 与控制面板接线原理图

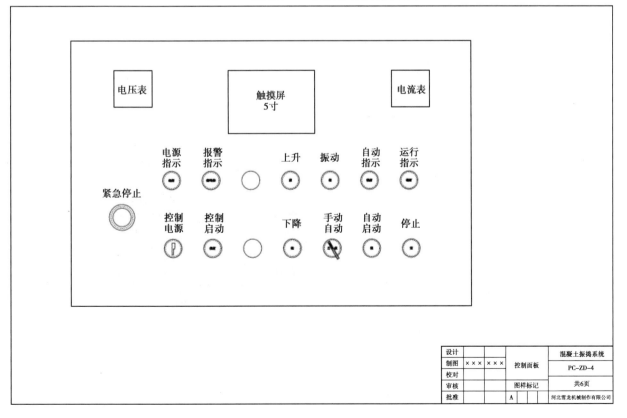

图 4.53   振捣机控制面板示意图

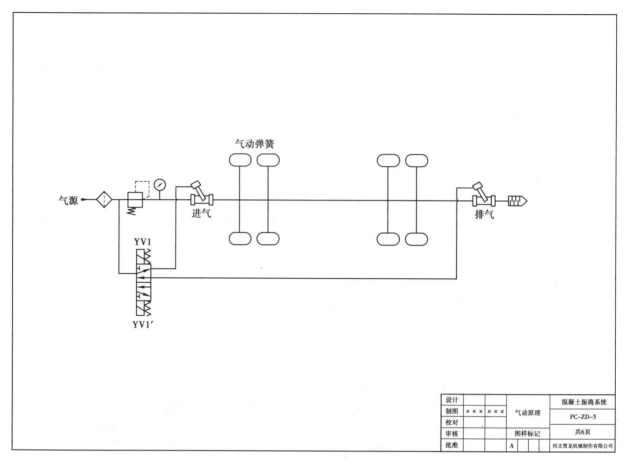

设计				气动原理	混凝土振捣系统
制图	××	×	××		PC-ZD-5
校对					
审核				图样标记	共6页
批准			A		河北雪龙机械制作有限公司

图4.54　振捣机启动控制原理图

4）养护窑控制系统

养护窑外观如图 4.55 所示。

图4.55　养护窑外观

养护窑蒸汽发生器与水箱如图4.56所示。

养护窑控制台如图4.57所示。

图 4.56　养护窑蒸汽发生器与水箱

图 4.57　养护窑控制台

（1）养护窑工作原理

控制器将给定值和检测值比较之后，发出控制信号调节阀门的开度，从而调节蒸汽流入，控制水的温度。

养护窑水温控制系统示意图如图 4.58 所示。

水温控制系统原理图如图 4.59 所示。

该养护窑长 8 m，宽 4 m，高度约为 1.5 m，前后有两个气动开关门。由空压机提供 0.5 ~ 1 MPa 的气压为汽缸提供动力，由电磁阀来控制开关门。整个养护窑内部设置两套温湿度传感器（KZWS/GS）来检测窑体内部的温湿度，通过信号线将信号送到西门子控制器中，通过显示屏显示出来，并控制供水供气电磁阀来满足要内部温湿度的控制。

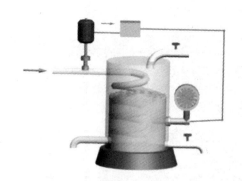

图 4.58　养护窑水温控制系统示意图

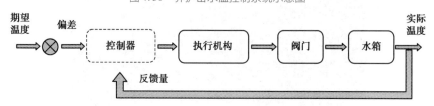

图 4.59　水温控制系统原理图

为养护窑提供温度的是管径为 40 mm 的碳钢铝翅片来提供热量保证窑体内部的升温速度,外部为一个 15 kW 的电加热壁挂炉,为碳钢铝翅片提供足够的热量。

由蒸汽发生器为养护窑加湿,通过两根开孔管道为养护窑内部均匀喷射蒸汽,在保证温度的前提下增加湿度。

（2）养护窑电路原理图

养护窑主电路原理图如图 4.60 所示。

养护窑 PLC 线路图如图 4.61 所示。

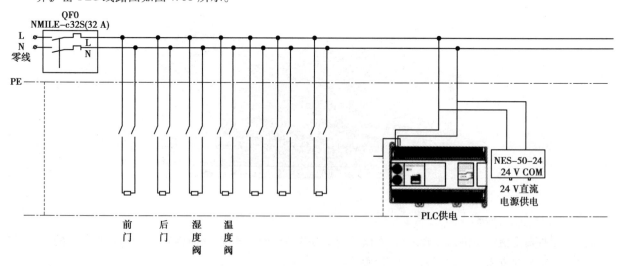

图 4.60　养护窑主电路原理图

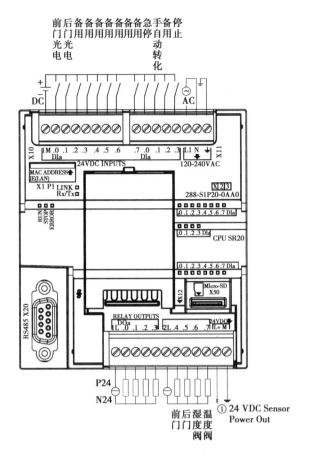

图 4.61 养护窑 PLC 线路图

5) 翻板机控制系统

翻板机控制柜如图 4.62 所示。

图 4.62 翻板机控制柜

(1) 控制原理

翻板机控制原理图如图 4.63 所示。

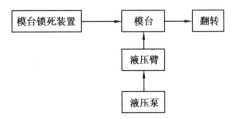

图 4.63 翻板机控制原理图

　　拆除边模的模台通过滚轮输送到达脱模工位,模台锁死装置固定模台,托板保护机构托住制品底边,翻转油缸顶伸,翻转臂开始翻转,翻转角度为 75°~85°时停止翻转,构件被竖直吊走后翻转装置复位。

　　设备具有手动和自动两种工作模式,可满足不同工况的需要。

　　(2)电路图

　　翻板机液压电机接线原理图如图 4.64 所示。

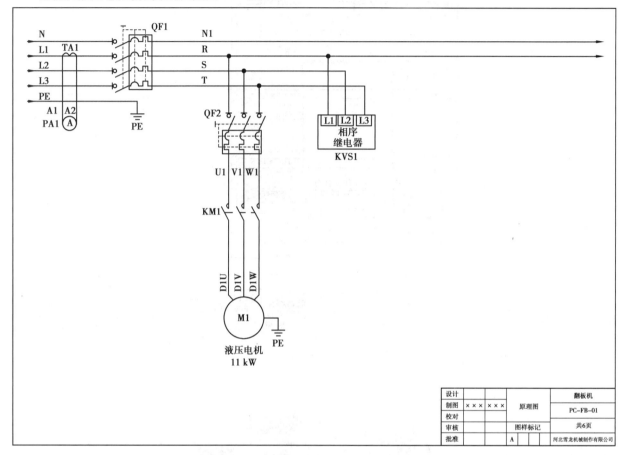

设计				原理图	翻板机
制图	××	×	××		PC-FB-01
校对					
审核				图样标记	共6页
批准				A		河北雪龙机械制作有限公司

图 4.64　翻板机液压电机接线原理图

　　翻板机交流/直流转换电路接线图如图 4.65 所示。

　　翻板机泵阀控制接线图如图 4.66 所示。

　　翻板机 PLC 控制电路接线图如图 4.67 所示。

　　翻板机控制面板示意图如图 4.68 所示。

　　翻板机液压控制原理图如图 4.69 所示。

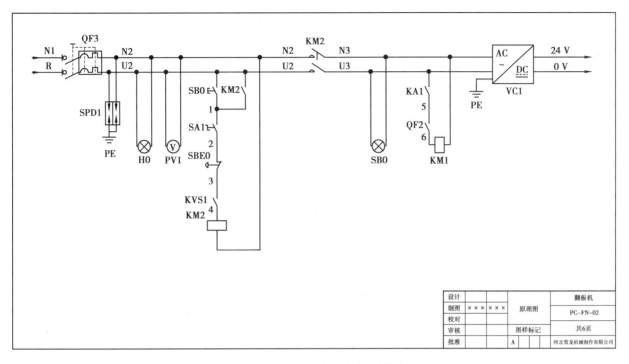

图 4.65　翻板机交流/直流转换电路接线图

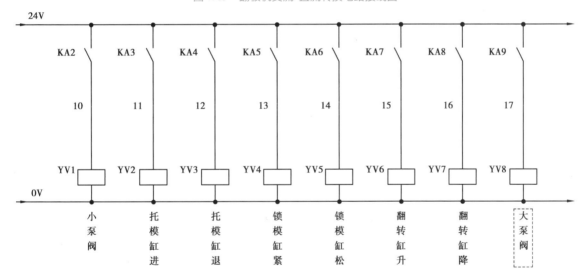

图 4.66　翻板机泵阀控制接线图

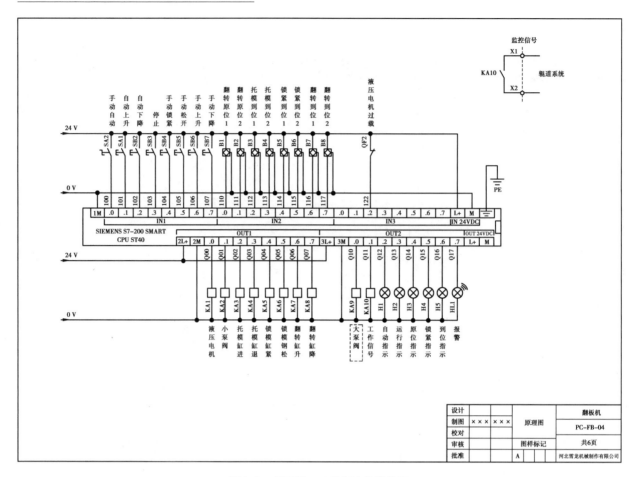

图 4.67　翻板机 PLC 控制电路接线图

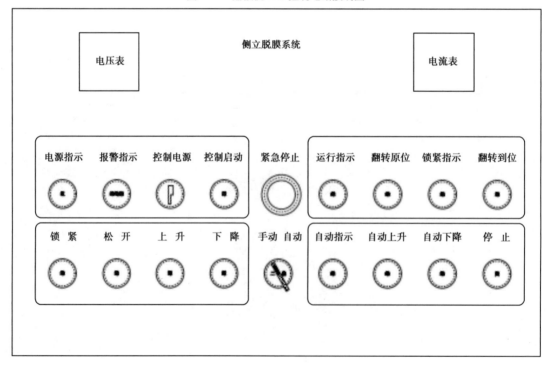

图 4.68　翻板机控制面板示意图

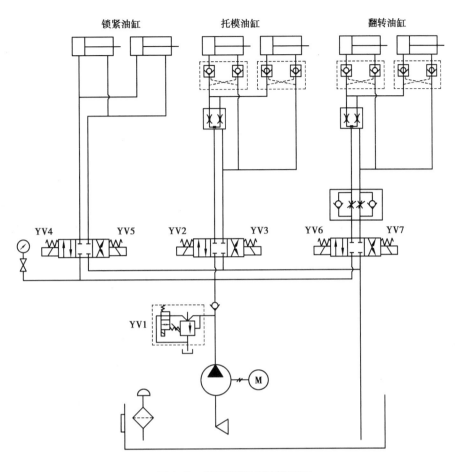

图 4.69　翻板机液压控制原理图

6) SCADA 系统

SCADA 系统原理图如图 4.70 所示。

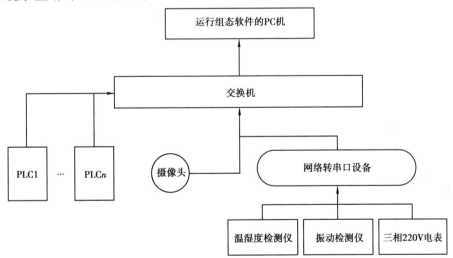

图 4.70　SCADA 系统原理图

4.4　监视系统

监视系统架构图如图 4.71 所示。

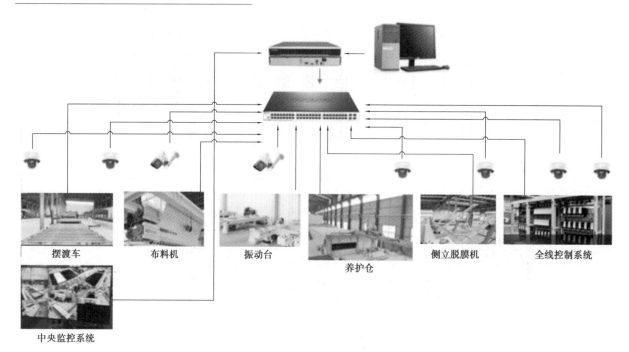

图 4.71　监视系统架构图

监控系统设备清单见表 4.2。

表 4.2　监控系统设备清单

序号	名　称	规　格	数　量
1	智能球型摄像机	iDS-2DE7423MX-A/S1（B）	6
2	快球支架	DS-1602ZJ	6
3	网络摄像机	DS-2XA2626E-IZS（2.7~12 mm）	2
4	摄像机支架	DS-1232ZJ	2
5	硬盘录像机	DS-7616NB-K2	1
6	管理服务器	DS-VE22S-B（310801672）	1
7	监管平台	Infovision iEnterprise	1
8	监控硬盘	WD6T 监控级硬盘	2

监控安装完成后现场图如图 4.72 所示。

图 4.72　监控安装完成后现场图

现场监控模块,显示现场操作的视频监控界面,如图 4.73 所示。

图 4.73　中央监控室监控画面

4.5　数据采集系统

数据采集系统架构图如图 4.74 所示。

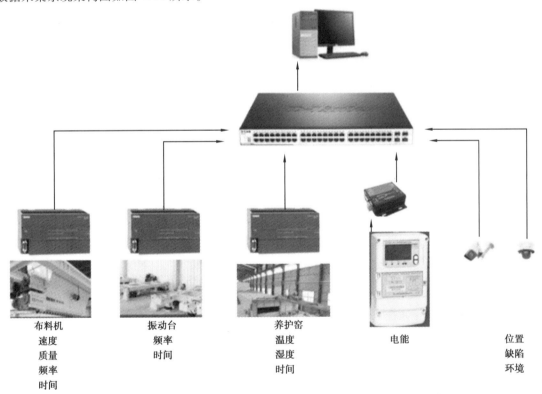

图 4.74　数据采集系统架构图

工控机通过 TCP/IPV4、物联网网关实现和 PLC 进行通信,采用 S7 通信协议和工控机向物联网网关发出报文,由物联网网关将报文通过 TCP IPV4 连接转发给 PLC,并将 PLC 回应报文通过 TCP IPV6 连接转发给服务器。服务器与 PLC 二次握手成功之后,可发送读取或写入报文与 PLC 达成数据交互。服务器将会采集线体及工位运行状态、故障、生产数据等信息。

数采系统工作流程图如图 4.75 所示。

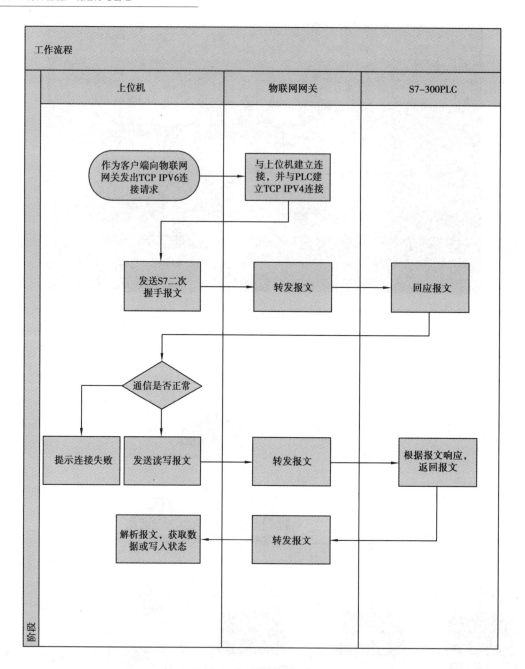

图 4.75　数采系统工作流程图

振捣强度(振幅)、温度、湿度以及能源数据等信息通过物联网网关将 modbus/RS232/485 数据转成以太网协议,接入工业交换机,上传至工控机,实现数据的存储与显示。

数采系统数据来源主要包括产线平移小车控制台、布料工位振捣控制台、振动台、翻板机控制台和总控制台 5 个控制中心(西门子 S7-200PLC)组成。需要将 5 套控制设备 PLC 的数据联网,同时接入摄像头、振捣强度(振幅)信息、温度信息、湿度信息、能源数据等。

①5 台 PLC 数据采集:采用以太网方式,将 PLC 数据传入工控机 SCADA 系统进行存储和显示。

②摄像头:通过以太网将数据接入数据采集系统,采集布料工位的平整度。

③振捣强度(振幅):采用加速度传感器采集振动幅度,并通过物联网网关将数据接入交换机,进入数据采集系统。

④温湿度:在 5 个控制工位均增加温湿度传感器,将数据通过控制台现有 PLC 进行采集,并进入数据采集系统。

⑤能源数据:采用 485 智能电表对产线电能进行数据采集,采用物联网网关将数据接入交换机进入数据采集系统。

⑥将数据采集监控系统与 MES 系统进行集成,实现智能产线装备的远程控制。

数采与监控控制平台界面如图 4.76 所示。

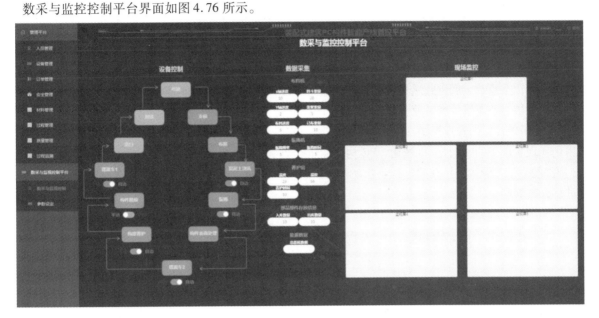

图 4.76　数采系统界面

数据采集模块,采集当前设备实时的设备基础数据。

可采集信息具体见表 4.3。

表 4.3　信息采集表

信息 名称	信息 1	信息 2	信息 3	信息 4	信息 5	信息 6
布料机	大车速度	小车速度	布料速度	料斗质量	需要质量	已布质量
振捣机	振捣频率	振捣时间	—	—	—	—
养护窑	温度	湿度	养护时间	—	—	—
部品部件存放信息	入库数量	出库数量	—	—	—	—
能源数据	总能耗数据		—	—	—	—
图像信息	构件位置	构件缺陷	—	—	—	—
人员信息	人员数量	工作时长	—	—	—	—

建筑产业化是建筑生产方式从粗放型生产向集约型生产的转变,是产业现代化的必然途径和发展方向。建筑产业化的核心是建筑生产工业化,其本质是生产标准化、过程机械化、管理规范化、建设集成化、科技一体化,它要求运用现代化的管理模式,通过标准化的建筑设计以及模数化、工业化的部品生产,实现建筑构部件的通用化和现场施工的装配化、机械化。PC 构件的生产质量是确保装配式建筑工程质量的前提与关键,现阶段 PC 构件的生产与管理是摆在建筑行业管理者面前的一项迫在眉睫的工作。本章主要探讨如何对 PC 构件生产进行有效管理。

5.1　PC 构件生产管理概述

5.1.1　PC 构件生产管理基本要求

PC 构件生产企业作为装配式建筑提供建筑构件的公司,是建筑工业化发展的基础,PC 构件生产企业的发展除了依靠构件设计与制造技术水平的提高外,在很大程度上取决于其生产管理水平的高低。随着装配式建筑市场的逐渐扩大以及 PC 构件订单需求的增加,企业对 PC 构件生产管理的要求不断提高,且对生产过程信息化程度的高低、生产数据是否透明、信息是否滞后等问题越来越关注。由于 PC 构件生产工艺流程较多,生产过程中涉及多种元素,传统粗放式的管理手段已无法适应现代化构件的生产。而信息化技术作为提升管理水平的重要手段,在构件生产过程中对"人、机、料、法、环"的信息化管理变得尤为重要。PC 构件的生产管理的基本要求主要如下所述。

1) 实现工厂信息化管理

通过生产管理系统,可以将构件生产中的各项信息进行整合,例如人员、设备、材料等数据。为管理者提供构件生产车间的实时状态信息,实现对车间的可视化管理;将数据转化为现场管理的依据,便于追溯生产过程,促进资源的合理配置,提高工厂信息化管理。

2) 实现构件生产过程的数据采集

车间通过二维码、条形码等技术,可以将构件生产过程中的信息进行采集,减少人工采集造成的数据缺失和错误,提高现场数据采集的及时性和准确性,实现车间无纸化信息传递。

3) 提高 PC 构件的生产效率

生产管理系统通过信息化的途径可以使管理者对生产过程中涉及的物料使用、构件进度、模台状态等资源详细掌握,为生产任务单、下料单以及其生产计划的安排提供支持。

5.1.2　PC 构件生产管理主要内容

通常来讲,PC 构件生产管理主要包括下述内容。

①要设计科学的组织结构与组织文化做好组织管理,使整个部门的潜能得到充分发挥。

②根据产品需求预测作出产能规划,要求生产管理人员要清楚自己的产能及瓶颈工位并据此作出工具设备计划及人力资源需求与培训计划。

③根据生产计划安排生产,并配合相关部门确保计划的达成。如有异常,应及时反馈。如实在无法达成,应配合计划部门做好计划调整。为跟踪生产状况,要求做好看板管理。

④配合生产工程部门制订好作业标准,并培训工人以确保按标准作业。

⑤配合生产工程部门改善工艺,并在内部形成奖励机制,以提高作业效率。

⑥配合相关部门做好品质管理。要求员工按标准作业,树立下一工序就是客户的思想,做好工序作业特别是关键工序的控制,并以完善的三检机制来确保品质。

⑦配合相关部门做好物料管理。首先要配合相关部门做好备料或配送工作,同时要做好现场物料及半成品管理。通常来讲,当日生产结束,生产线不应有剩余物料及成品。坏料要及时退仓。

⑧做好成本管理工作。生产部门的成本管理主要通过改善工艺,提高作业效率并减少物料及辅料的耗用实现。

⑨做好 5S 工作,标示清楚,物料文件及工夹具与日常用具分类存放方便使用,环境整洁赏心悦目。

⑩做好文件管理工作,使各项工作都有文件可依并方便使用,同时各项记录与报告要有效率并妥善保存。

⑪配合相关部门做好后勤保障工作,使员工衣食住行及健康安全等有起码的保障。

⑫配合相关部门做好绩效管理工作,充分发挥广大员工的积极性与创造性。

5.2　PC 构件生产工艺流程管理

5.2.1　PC 构件生产准备工作

1)熟悉设计图纸及预制计划要求

技术人员及生产项目部主要负责人应根据工地现场的预制件需求计划和预制件厂的仓存量确定预制构件的生产顺序及送货计划;及时熟悉施工图纸,及时了解使用单位的预制意图,了解预制构件的钢筋、模板的尺寸和形式及混凝土浇筑工程量及基本的浇筑方式,以求在施工中达到优质、高效及经济的目的。

2)人员配置与管理

预制构件品种多样,结构不一,应根据施工人员的工作量及施工水平进行合理安排,针对施工技术要求及预制构件任务紧急情况以及施工人员任务急缓程度,适当调配施工人员参与钢筋、模板以及混凝土浇筑。要经常对全体员工进行产品质量、成本及进度重要性的教育,使施工人员要有明确、严格的岗位责任制。要有严格的奖惩措施。

3)场地的布置设计

为达到预制构件使用要求、运输方便、统一归类以及不影响预制构件生产的连续性等要求,场地的平整及预制构件场地布置规划尤为重要。生产车间高度应充分考虑生产预制构件高度、模具高度及起吊设备升限、构件质量等因素,应避免在预制构件生产过程中发生设备超载、构件超高不能正常吊运等问题。

5.2.2　PC 构件模具的制作安装管理

预制构件制作生产模具的安装应符合下述要求。

①模具安装应按照安装顺序进行,对于特殊构件,要求钢筋先入模后再安装。

②模具拼装时,模板接触面平整度、板面弯曲、拼装缝隙、几何尺寸等应满足相关设计要求。

③模具拼装应连接牢固、缝隙严密,拼装时应进行表面清洗或涂刷水性(蜡质)脱模剂,接触面不应有划痕、锈渍和氧化层脱落现象。

④模具安装完成后尺寸允许偏差应符合要求,净尺寸宜比构件尺寸缩小 1~2 mm。

5.2.3　PC 构件钢筋骨架的制作管理

钢筋骨架、钢筋网片和预埋件必须严格按照构件加工图及下料单要求制作。第一件钢筋制作必须通知技术、质检及相关部门检查验收,制作过程中应当定期、定量检查,对于不符合设计要求及超过允许偏差的一律不得使用,按废料处理。纵向钢筋及需要套丝的钢筋,不得使用切断机下料,必须保证钢筋两端平整,套丝长度、丝距及角度必须严格按照设计图纸要求。质检人员须按相关规定进行抽检。

5.2.4　PC 构件混凝土布料振捣管理

1) 准备工作管理要点

①原材料进场前应对各原材料进行检查,确保各原材料质量符合国家现行标准或规范的相关要求。

②布料前应对混凝土进行质量检查,包括混凝土强度、坍落度、温度等,均应符合国家现行标准或规范的相关要求。

③混凝土布料前,应根据规范要求对施工人员进行技术交底。

④浇筑混凝土前,检查模具内表面应干净光滑,无混凝土残渣等任何杂物,钢筋出孔位及所有活动块拼缝处无累积混凝土,无黏模白灰。

⑤浇筑混凝土前,施工机具应全部到位,且放置位置方便施工人员使用。

2) 技术工作管理要点

①每车混凝土要按设计坍落度做坍落度试验和试块,混凝土坍落度、温度测试合格。

②混凝土都不能私自外加水。

③混凝土应在初凝前,将其浇筑完成。

④按规范要求的程序浇筑混凝土,每层混凝土不可超过 450 mm。

⑤插棒时快插慢拔,先大面后小面;振点间距不超过 300 mm,且不得靠近洗水面模具。

⑥振捣混凝土时,不可过分振捣混凝土,以免混凝土分层离析,应以将混凝土内气泡尽量驱走为准。

⑦振捣混凝土时,尽量避免把钢筋、板模或其他配备振松。

⑧料斗及吊机清洁干净无混凝土残渣。

⑨外露钢筋清洁干净,窗盖、底座等无混凝土残渣。

5.2.5　PC 构件混凝土养护管理

混凝土养护可采用覆盖浇水和塑料薄膜覆盖的自然养护、化学保护膜养护和蒸汽养护方法等。选择养护方式应考虑现场条件、环境温湿度、构件特点、技术要求、施工操作等因素。梁、柱等体积较大的预制混凝土构件宜采用自然养护方式;楼板、墙板等较薄的预制混凝土构件或冬期生产的预制混凝土构件,宜采用蒸汽养护方式。

1) 脱模前成品的养护

①气温在 35 ℃以上时,在抹面完成 3 h 后在混凝土表面每隔 0.5 h 淋水湿润一次。

②当环境温度为 15～30 ℃时,应观察完成后的预制件是否存在裂纹,如没有裂纹一般不需淋水养护操作;如有裂纹就必须在下一件产品生产完混凝土后,脱模前对产品进行淋水保湿养护。

③气温在 15 ℃以下时采用蒸气养护。

2) 脱模后成品的养护

①产品脱模后堆放期间,白天宜每隔 2 h 淋水养护一次;如天气炎热或冬季干燥时适当增加淋水次数或覆盖麻袋保湿。

②养护时间由预制件成品后期连续 4 天。

③在开始养护的预制件上挂牌标明,养护完成后牌摘下。

④淋湿预制件顺序为自上而下。

3) 养护管理要点

①成品脱模起吊时混凝土强度需满足设计要求及相关规范的规定。

②预制件的表面混凝土要保持湿润至少 4 天。

③检查开始养护的预制件是否全部浇湿。

④7:00—19:00 每 2 h 检查一次,19:00 至翌日 7:00 每 4 h 检查一次。

⑤若预制件表面干燥,要立即补做淋水养护。

5.2.6　PC 构件脱模、表面修补管理

预制构件的脱模与表面修补应符合下述要求。

①构件脱模应严格按照顺序拆模,严禁使用振动、敲打等方式拆模;构件脱模时应仔细检查确认构件与模具之间的连接部分完全拆除后才可起吊;起吊时,预制构件的混凝土立方体抗压强度应满足设计要求,且不应小于 15 N/mm²。

②构件起吊应平稳,楼板宜采用专用多点吊架进行起吊,墙板宜先采用模台翻转方式起吊,模台翻转角度不应小于 75°,然后采用多点起吊方式脱模。复杂构件应采用专门的吊架进行起吊。

③构件脱模后,不存在影响结构性能、钢筋、预埋件或者连接件锚固的局部破损和构件表面的非受力裂缝时,可用修补浆料进行表面修补后使用。表面处理和修补的方法为对边角处不平整的混凝土用磨机磨平,凹陷处用修补料补平。大的掉角要分两到三次补,不要一次完成,修补时要用靠模,确保修补处与整体平面保持一致。对于蜂窝、麻面,应将预制件上蜂窝处的不密实混凝土凿去,并形成凹凸相差 5 mm 以上的粗糙面。用钢丝刷将露筋表面的水泥浆磨去。用水将蜂窝冲洗干净,不可存有杂物。用专用的无收缩修补料抹平压光,表面干燥后用细砂纸打磨。对有气泡的,将气泡表面的水泥浆凿去,露出整个气泡,然后用修补料将气泡塞满抹平即可。对有缺角的,将崩角处已松动的混凝土凿去,并用水将崩角冲洗干净,然后用修补料将崩角处填补好。如崩角的厚度超过 40 mm 时,要加钢筋,分两次修补至混凝土面满足要求,并做好养护工作。

5.2.7　PC 构件吊运、标识、存放、运输管理

(1)吊运

①事先要检查吊具。

②要试吊,试吊时应检查吊绳与构件水平边夹角是否符合要求。

③看吊装作业周围空间有无障碍阻扰。

(2)标识

①预制构件脱模后应在明显部位做构件标识。

②经检验合格后的产品出货前应粘贴合格证。

③产品标识内容应包含产品名称、编号、规格、设计强度、生产日期、合格状态等。

④标识宜用电子笔喷绘,也可用记号笔手写,但必须清晰正确。

⑤每种类别的构件标识位置统一,标识在既容易识别,又不影响表面美观的地方。

(3)存放

①事先制订存放方案,空间布置有序,要制作存放布置图。

②事先准备好存放隔垫材料。

③要把设计要求隔垫位置用图解作出标识。

④存放场地应平整、坚实,并应有排水措施。

⑤存放库区宜实行分区管理和信息化台账管理。

⑥应按照产品品种、规格型号、检验状态分类存放,产品标识应明确、耐久,预理吊件应朝上,标识应向外。

⑦存放场地应在门式起重机或汽车式起重机可以覆盖的范围内。

⑧存放场地布置应当方便运输构件的大型车辆装车和出入。

⑨不合格品与废品应另行分区按构件种类存放整齐,并有明显标识,不得与合格品混放。

(4)运输

PC 构件运输应制订详细的运输方案,其内容包括运输时间、次序、存放场地、运输线路、存放支垫及成品保护措施等。对于超高、超宽、形状特殊的大型构件的运输应有专门的质量安全保证措施。

①预制构件的运输车辆应满足构件尺寸和载重要求,装卸与运输时应符合以下规定:

a.装卸构件时,应采取保证车体平衡的措施。

b.运输构件时,应采取防止构件移动、倾倒、变形等的固定措施。

c.运输构件时,应采取防止构件损坏的措施,对构件边角部或链索接触的混凝土,宜设置保护衬垫。

②应根据构件特点采用不同的运输方式。一般情况外墙板宜采用竖直立放方式运输,应使用专用支架运输,支架应与车身连接牢固,墙板饰面层应朝外,构件与支架应连接牢固。楼梯、阳台、预制楼板、短柱、预制梁等小型构件宜采用平运方式,装车时支点搁置要正确,位置和数量应按设计要求进行。

③运输时宜采取如下防护措施:

a.设置柔性垫片避免预制构件边角部位或链索接触处的混凝土损伤。

b.用塑料薄膜包裹垫块以避免预制构件外观污染。

c.墙板门窗框、装饰表面和棱角采用塑料贴膜或其他措施防护。

d.竖向薄壁构件设置临时防护支架。

e.装箱运输时,箱内四周采用木材或柔性垫片填实,支撑牢固。

④运输线路须事先与货车驾驶员共同勘察,有没有过街桥梁、隧道、电线等对高度的限制,有没有大车无法转弯的急弯或限制重量的桥梁等。

⑤对驾驶员进行运输要求交底,不得急刹车,急提速,转弯要缓慢等。

⑥第一车应当派出车辆在运输车后面随行,观察构件稳定情况。

⑦PC 构件的运输应根据施工安装顺序来制订,如有施工现场在车辆禁行区域应选择夜间运输,并保证夜间行车安全。

5.3　PC 构件生产人员组织管理

5.3.1　PC 构件生产管理机构

1)生产管理的工作任务分工

(1)工作任务分工

为加强管理、落实责任,应对生产项目实施的各阶段费用(投资或成本)进行控制,对进度控制、质量控制、合同管理、信息管理和组织与协调等管理任务进行详细分解,在生产项目管理任务分解的基础上确定各生产项目主管工作部门或主管人员的工作任务。

(2)工作任务分工表

每一个生产项目都应编制生产项目管理任务分工表,这是一个生产项目的组织设计文件的一部分。在编制生产项目管理任务分工表前,应结合生产项目的特点,对生产项目实施各阶段管理任务进行详细分解。在生产项目管理任务分解的基础上,明确生产项目经理和上述管理任务主管工作部门或主管人员的工作任务,从而编制工作任务分工(表5.1)。

表 5.1　工作任务分工表

工作任务＼工作部门	项目经理部	投资控制部	进度控制部	质量控制部	信息管理部门

在工作任务分工表中应明确各项工作任务是由哪个工作部门(或个人)负责,由哪些工作部门(或个人)配合或参与。在生产项目的进展过程中,应视必要性对工作任务分工表进行调整。

2)PC 构件生产管理机构的建立

预制构件生产企业应具备保证产品质量要求的生产工艺设施、试验检测条件,并建立完善的生产管理机构,有持证要求的岗位应持证上岗。

（1）PC 工厂需要的管理与技术岗位

PC 工厂需要的管理与技术岗位有厂长、计划统计、人事管理、物资采购管理、技术管理、质量管理、设备管理、安全管理、工艺设计、模具设计、试验室管理等。

（2）PC 工厂需要的技术工种

PC 工厂需要的技术工种有钢筋工、模具工、浇筑工、修补工、电工、电焊工、起重工、锅炉工、叉车工等。

（3）持证上岗的特殊工种

持证上岗的特殊工种有电工、电焊工、起重工、叉车工、锅炉工、安全员、试验员等特殊岗位须持证上岗。

5.3.2　PC 构件生产劳动力计划编制

PC 构件虽然是工厂化生产，但是其是依据生产项目订单生产，而且每个生产项目订单的品种、规格、型号都不一样。不能为了均衡生产提前生产一些产品作为库存，到时间再发货。PC 构件工厂不能均衡生产是常态现象，有时候订单多生产比较忙，劳动力不够用；有时候订单少，劳动力出现过剩。所以 PC 工厂劳动力组织是一件比较困难的事情。劳动力计划应当从需求侧和供给侧两个方面考虑。

（1）需求侧

首先根据生产总计划列出需求侧计划，哪些环节需要劳动力？需要多少劳动力？什么时间需要？然后从供给侧方面分析如何解决。

（2）供给侧

供给侧主要是围绕需求侧展开，如何解决劳动力。

①自身挖潜，通过加班、加点的形式。

②通过劳务外包，工厂管理要有这种资源，作为应急生产旺季时的预案。

③通过再招聘新人或者临时工，技术骨干员工手把手培训。让新员工从事技术含量低的工作。

5.3.3　PC 构件生产人员岗位职责管理

PC 构件厂须编制的岗位标准如下所述。

①各岗位质量员的岗位标准。

②各岗位技术员的岗位标准。

③拼模工的岗位标准。

④混凝土搅拌工的岗位标准。

⑤钢筋工的岗位标准。

⑥混凝土浇捣工的岗位标准。

⑦蒸养工人的岗位标准。

⑧行车工的岗位标准。

⑨装卸、驳运工种的岗位标准。

⑩外场辅助工的岗位标准。

⑪修补工的岗位标准。

⑫试验室各类试验员的岗位标准。

⑬面砖套件和石材制作工种的岗位标准。

⑭铺设面砖套件和石材工种的岗位标准。

⑮企业其他管理和职能部门的岗位标准等。

MES 系统岗位主要职责如下所述。

①负责工厂 MES 系统调研，参与车间 MES 系统方案讨论，评估、制订应用解决方案。

②负责工厂 MES 系统架构设计、规划、实施、验收。

③负责 MES 系统培训，制订培训计划和培训材料，并落实培训成效。

④负责 MES 系统进行日常维护，监控分析，故障处理，确保系统稳定性，数据准确性。

⑤规划、制订或扩展 MES 系统与其他应用系统接口标准。

⑥监督各岗位在 MES 系统中的操作,协调处理系统日常产生的问题。

⑦负责系统中技术资料及各项资料的批量导入、复制、数据恢复等工作。

⑧对没有在规定时间内完成的各岗位单据发出警示提示信息,对有问题的单据提出警示。

⑨协助 IT 工程师对公司软件进行安装、维护、升级,确保公司网络安全运行。

各作业人员上岗前应接受"上岗前培训"和"作业前培训",培训完成并考核通过后方能正式进入生产作业环节。

①上岗前培训,对各岗位人员进行岗位标准培训。

②作业前培训,对各工种人员进行操作规程培训,培训工作应秉持循序渐进的原则。

③培训工作应有书面的技术培训资料。

④将操作流程和常见问题用视频的方式进行培训。将熟练工规范的操作流程演示和常见问题发生的过程录制成小视频,利用微信等手段发送给受培训人员,方便受培训人员随时查看,通过直观的视频感受加深受培训人员对岗位标准和操作规程的理解与认知。

⑤培训后要有书面的培训记录,经受培训人签字后及时归档。

⑥对于不识图样的工人,还需要进行常用的图样标识方法等简单的培训。

5.4　PC 构件生产材料管理

5.4.1　PC 构件材料使用计划编制

PC 构件生产的很多材料、配件是外地外委加工的,如果材料不能及时到货就会影响生产。所以材料、配件、工具计划必须详细,不能有遗漏。计划中要充分考虑加工周期、运输时间、到货时间,以确保不因为材料没到而影响整个工期,编制计划主要考虑下述要点。

①应依据图样、技术要求、生产总计划,合理制订计划。

②要全面覆盖不能遗漏,要求清单详细。哪怕一颗螺钉都要列入清单内。

③计划要根据实际应用时间节点提前 1~2 天到厂。

④外地材料要考虑运输时间及突发事件的发生,要有富余量。

⑤外委加工的材料一定要核实清楚发货、运输、到货时间。

⑥要考虑库存量。

⑦要考虑试验及检验验收时间。

5.4.2　PC 构件材料采购质量及保管质量控制

(1)采购依据

由工厂技术部门根据图样要求、规范规定、用户要求,把所需要采购材料或配件的详细图样、品名、规格、型号、质量标准等,以书面的形式提交给采购员。对于设计或者用户指定品牌或指定厂家的,也应明确标注出来。

(2)应如何选择供应厂家并保证采购质量

①装配式构件一般都是涉及建筑安全的结构构件,所以在选择材料与配件供应厂家时一定要选择可信赖的厂家,不能在市场上随意购买。

②判断可信赖的厂家的依据,尤其是对关键套筒、浆锚波纹管、拉结件等连接性重要材料,应由采购员与本厂技术人员一起参与审核厂家的资格,针对供应商的成功案例、技术管理水平、价格、工期、付款条件等综合因素来确定。

③有条件的工厂,可由技术部门事先进行供应商的考察和筛选,然后提供给采购员一个合格供应商名录,每个品类提供 3~5 家的合格供应商,然后再由采购员在这 3~5 家中进行比价、筛选。

④对于某些特殊材料,如水泥、外加剂等,在大批量采购之前,应事先索要样品进行试验,试验合格后再进行常规采购。

⑤对于有着稳定合作关系的长期供货商,也应该列出定期的或不定期的考察、复核的计划,以免失控。

⑥加强材料验收环节的管理,材料到货后,应由技术部门、试验室、材料保管员等相关部门一起进行验收。验收时应根据验收的要求,对实物验收、试验验收、资料验收等各个环节严格把关。

⑦针对采购材料的质量标准和验收标准,要对采购员、保管员、验收人员进行技术交底和培训,并留存培训记录以备查。

5.5   PC 构件生产设备管理

5.5.1   PC 构件设备使用计划编制

PC 构件常用设备有流水线设备、起重设备、钢筋加工设备、混凝土搅拌站以及非常规使用的辅助设备,编制设备使用计划时要充分考虑到设备的加工能力,以及出现故障会对工期带来的影响,要有应急预案来保障交货期,主要考虑下述内容。

(1)流水线设备

①生产能力与设备能力是否匹配。

②要考虑设备检修、故障等因素,根据以往的情况进行评估。

③日常维护保养时间也要计算进去。

④设备操作人员也要考虑,防止请假等突发事件没有人操作设备的情况发生。

(2)起重设备

①定量计算出每天需要转运的材料及构件,合理安排起重机使用时间。

②起重机不够用时,可采用补充叉车、小型起重机等方式。

③场地龙门式起重机不够用,临时租用汽车式起重机。

④日常维护保养时间也要计算进去。

⑤设备操作人员也要考虑,防止请假等突发事件没有人操作设备的情况发生。

(3)钢筋加工设备

①生产能力与设备加工能力的匹配。

②外委加工钢筋的方式及时间必须合理考虑。

③考虑发生故障所带来的影响。

④日常维护保养时间也要计算进去。

(4)混凝土搅拌站设备

①生产能力与设备加工能力的匹配。

②搅拌主机出现故障带来的影响。

③日常维护保养。

④要有采购商品混凝土的应急方案。

(5)非常规的设备

①特殊构件翻转需要用到的设备。

②特大型构件运输设备。

③订单量大蒸汽设备不够用时,启用临时小型蒸汽锅炉。

5.5.2   PC 构件机械设备使用管理

1)机械设备管理工作的主要内容

①制订设备管理制度。

②建立现场设备台账。

③建立机械设备日巡查、周检查、月度大检查制度,组织设备维修保养。

④做好设备安全技术交底,监督操作者取得操作证,按规程操作设备。

⑤参与重要机械设备作业指导书、防范措施的制订、审查等。

⑥负责机械危险辨识和应急预案的编制和演练。

⑦参与机械事故、未遂事故的调查、处理、报告。

⑧负责各种资料、记录的收集、整理、存档和机械统计报表工作。

2)机械设备的使用管理制度

(1)"三定"制度

"三定"制度是指主要机械在使用中实行定人、定机、定岗位责任的制度。

(2)交接班制度

在采用多班制作业、多人操作机械时,要执行交接班制度,内容如下所述。

①交接工作完成情况。

②交接机械运转情况。

③交接备用料具、工具和附件。

④填写本班的机械运行记录。

⑤交接双方签字。

⑥管理部门检查交接情况。

(3)安全交底制度

安全交底制度是指机械管理人员要对机械操作人员进行安全技术书面交底,并有管理人员和机械操作人签字。

(4)技术培训制度

通过进场培训和定期的过程培训,使操作人员做到"四懂三会",即懂机械原理、懂机械构造、懂机械性能、懂机械用途,会操作、会维修、会排除故障;使维修人员做到"三懂四会",即懂技术要求、懂质量标准、懂验收规范,会拆检、会组装、会调试、会鉴定。

(5)检查制度

在机械使用前和使用中的检查内容应包括下述内容。

①制度的执行情况。

②机械的正常操作情况。

③机械的完整与受损情况。

④机械的技术与运行状况,维修及保养情况。

⑤各种机械管理资料的完整情况。

(6)操作证制度

机械操作人员必须持证上岗;操作人员应随身携带操作证;严禁无证操作;审核操作证的年度审查情况。

3)机械设备进场验收管理

(1)机械设备技术文件

进入现场的机械设备应具有的技术文件包括下述内容。

①设备安装、调试、使用、拆除及试验图标程序和详细文字说明书。

②各种安全保险装置及行程限位器装置调试和使用说明书。

③维修保养及运输说明书。

④安全操作规程。

⑤产品鉴定证书,合格证书。

⑥配件及配套工具目录。

（2）机械进场验收

机械进场验收主要内容如下所述。

①安装位置是否符合平面布置图要求。

②安装地基是否牢固,机械是否稳固,工作棚是否符合要求。

③传动部分是否灵活可靠,离合器是否灵活,制动器是否可靠,限位保险装置是否有效,机械的润滑情况是否良好。

④电气设备是否可靠,电阻摇测记录是否符合要求,漏电保护器是否灵敏可靠,接地接零是否保护正确。

⑤安全防护装置完好,安全、防火距离符合要求。

⑥机械工作机构无损伤,运转正常,紧固件牢固。

⑦操作人员持证上岗。

5.5.3　PC 构件设备维修维护保养管理

装配式建筑 PC 构件生产对设备依赖度很大,固定模台工艺对起重机、运输设备、搅拌站设备等依赖度也比较大,而流水线及自动化生产线设备对布料机设备、振捣设备、码垛机设备、倾斜设备以及钢筋加工设备和搅拌站设备依赖度很大。因此,设备的完好运行是保证生产的重要环节,也是减少窝工、降低成本的关键环节。常用设备日常检查保养应注意下述内容。

（1）布料机

①检查螺旋轴运行是否正常。

②检查各电器部件是否老化。

③检查液压开始门是否灵活。

④检查轴承润滑油是否充足。

⑤检查运行轨道磨损情况。

（2）振捣设备

①检查气动元器件、电器原件、电线等是否老化。

②及时添加液压油及润滑油。

③振动电动机工作有无异常现象。

④检查固定螺栓(紧固件)有无松动。

（3）起重机

①主要部件检查包括钢丝绳、吊钩、制动器、控制器、限位器、电器元件及各安全开关是否灵敏。

②应对电动机、减速箱、轴承支座等部位进行润滑油检查,及时添加润滑油。

③设备保养和检修尽可能选择不影响生产的时候。

④大车、小车运行轨道磨损情况。

（4）码垛机

①检查整体运行情况,是否有异常声音。

②检查钢丝绳是否有破损。

③检查固定螺栓(紧固件)是否松动。

④检查轴承润滑油是否充足。

⑤检查运行轨道磨损情况。

⑥检查气动元器件、电器元件、电线等是否老化。

（5）倾斜设备

①检查整体运行情况,是否有异常声音。

②检查气动元器件、电器元件、电线等是否老化。

③检查轴承润滑油是否充足。

④检查固定螺栓(紧固件)有无松动。

为保证生产线及其设备完好运行,企业应建立健全生产设备的全生命周期系统管理制度,包括设备选型、采购、安装、调试、使用、维护、检修、直至报废的全过程管控。

（6）MES 系统运维管理

在 MES 系统软件建立之前,不仅要考虑系统做什么,还要考虑未来系统怎么管。实际上,MES 系统软件的差异性很大,运维的差异性也很大。每个公司都需要根据自己的实际情况决定自己的运维模式。现主要介绍 MES 系统软件运维的 3 种模式。

①第一种模式是工厂有自己的信息中心,信息中心有专门的员工负责 MES 系统软件的运维工作。每人负责一部分功能模块。同时,不同员工之间的职责可能有交叉。这样,当甲不在时,乙也可以临时"客串"解决问题。业务部门遇到 MES 系统软件相关问题可直接联系信息中心。信息中心派人解决。这种模式的好处是解决问题及时。但要求工厂有较强的技术实力和足够的人员配备,当然花费也是不低。

②第二种模式是工厂没有自己的运维人员,运维外包给 MES 系统软件服务商。工厂遇到问题直接联系服务商解决,服务商会派 1 名工程师现场驻扎。如果系统运行稳定,这种模式可以满足需要。然而,一旦有紧急、关键问题需要解决时,特别是夜里,服务商多数情况下并不能及时反映;或是反映了,现场工程师还是解决不了。这样,问题的解决是滞后的,往往会导致现场用户的不满甚至消极抵抗……

③第三种模式是某些大型跨国公司的 MES 系统软件运维。比如该公司在全球几百家工厂都实施了 MES 系统软件,这些工厂分布在亚洲、欧洲和美洲。通常,各个工厂内并没有专门的 MES 系统软件运维人员,而是由集团层面专门的机构负责。全部运维人员不超过 40 人,分布在全球不同时区。通过排班,做到每天 24 h 都有人值班。工厂遇到问题直接拨打专门的运维电话,运维人员对问题及时作出反应,并解决问题。

5.6　PC 构件生产进度管理

5.6.1　PC 构件生产进度计划编制

1）构件生产的基本形式

常见的生产基本方式有 3 种,即依次生产、平行生产和流水生产,这 3 种方式各有特点,适用的范围各异,其效果也不同,具体如下所述。

（1）依次生产

依次生产（顺序生产）是各工程或生产过程依次开工,依次完成的一种生产组织方式。生产时通常按生产过程依次流水生产组织方式。依次生产最大的优点是单位时间投入的劳动力和物质资源较少,现场管理简单,便于组织和安排,适用于工程规模较小的工程。但采用依次生产专业队组不能连续作业,有间歇性,造成窝工,工地物质资源消耗也有间断性,工作面不能充分利用,所以工期较长。

（2）平行生产

平行生产是同时组织几个相同的作业班组,在不同的空间对象上同时开工,同时完成的一种生产组织方式。该方式最大限度地利用了工作面,工期最短但是各专业工种同时投入工作的班组数量却大大增加。但在同一时间内需提供的相同劳动资源成倍增加,这给实际生产管理带来了一定的难度,因此,只有在工程规模较大或工期较紧的情况下采用才是合理的。

（3）流水生产

流水生产是将所有生产过程按一定的时间间隔依次投入生产,各个生产过程陆续开工,陆续完工。该生产方式介于顺序生产和平行生产之间,各专业队伍依次生产,没有窝工现象,不同的生产专业队伍充分利用空间（工作面）平行生产,其中有若干构件处在同时生产状态,各专业工作队的工作具有连续性,而资源的消耗具有均衡性（与平时生产比较）,生产工期较短（与依次生产比较）。流水生产综合了顺序生产和平行生产的优点,是生产中最合理、最科学的一种组织方式。

（4）3 种生产组织方式的比较

由上述分析可知,依次生产、平行生产和流水生产是组织生产的 3 种基本方式,其特点及适用的范围不尽相同,为了更好地比较3种组织的方式和特点,具体见表5.2。

表5.2 不同生产组织方式的特点

方　式	工　期	资源投入	评　价	适用范围
顺序施工	最长	投入强度低	劳动力投入少,资源投入不集中,有利于组织工作。现场管理工作相对简单,可能会产生窝工现象	规模较小,工作面有限的工程适用
平行施工	最短	投入强度最大	资源投入集中,现场组织管理复杂,不能实现专业化生产	工程工期紧迫,资源有充分保证及工作面允许情况下可采用
流水施工	较短,介于顺序施工与平行施工之间	投入连续均衡	结合了顺序施工与平行施工的优点,作业队伍连续,充分利用工作面,是较理想的组织施工方式	一般项目均可适用

2)生产进度计划的编制分类

生产进度计划可分为3层,即综合生产计划、生产计划(厂级年/季/月生产计划、能力平衡计划)、车间作业计划。

①综合生产计划由公司上层管理层制订。根据企业中长期战略发展规划、近几年的销售情况、产品畅销度、销售部的市场预测、企业实际生产能力来编制。指导全厂在计划年度内的产出总量目标,即产品品种、型号及数量。

②生产计划(厂级年/季/月生产计划、能力平衡计划)由生产部主要依据综合生产计划来制订。首先将综合生产计划分解,再根据技术中心提供的产品工艺路线总表(外购件明细表、自制明细表、工装、工具、工艺路线及工作中心情况)制订作业计划。分别按产品的品种、型号、规格编制各单位在各季/月的具体产量任务,分配各生产车间具体工作任务及工作量安排。

能力平衡计划主要是根据企业的设备能力、人员配比情况、具体生产计划来制订。

a.设备能力。主要考虑生产设备及辅助设备数量和加工运行能力,并考虑设备的维修(大、中修计划)对生产加工的影响,以及设备的报废及购买。

b.人员配比情况。

c.具体的生产计划。考虑能力是否满足计划。一般要尽量满足计划,能力不足时考虑通过外协来调整,尽量不修改原计划。

③车间作业计划。车间计划室先根据生产部下达的月生产计划,再根据自身的设备、人员、场地、到件情况滚动制订具体作业计划和进度计划。

3)生产进度计划的编制依据

①生产项目承包合同及招标投标书。

②生产项目全部设计图纸及变更洽商。

③生产项目拟采用的主要方案及措施、生产顺序、流水段划分等。

④资源配备情况。主要包括劳动力状况、机具设备能力、物资供应来源条件等。

⑤生产项目概预算。

4)生产进度计划编制的主要内容

进度计划的内容应包括编制说明,进度计划表(图),资源需要量及供应平衡表等。

进度计划表(图)为最主要内容,用来安排各生产批次产品的计划开竣工日期、工期、搭接关系及其实施步骤。资源需要量及供应平衡表是根据生产总进度计划表编制的保证计划,通常包括劳动力、材料、机械等资源的计划。编制说明的内容包括编制的依据、假设条件、指标说明、主要生产方案及流水段划分、各项经济技术指标要求实施重点和难点、风险估计及应对措施等。

5)生产进度计划的编制表达方式

常用生产进度计划的编制表达方式主要有横道图法、网络计划图、S曲线法以及进度管理软件。依次介绍如下:

(1)横道图法

横道图法是进度管理过程中,应用较广泛且较简单的方法。其原理是在生产项目实施中随时记录生产项目的实际进度信息,直接标注在原计划的横道图中,以便与计划进度形成直观对比。在横道图中,横轴代表时间,纵轴代表具体工序,图中横道线表示的是实际和计划进度的起始时间与完成天数,能够直观地反映不同工序间的搭接关系,通过对比横道线能得出计划进度与实际进度的偏差。不过其表现内容有很多问题存在,比如无法将各工作间的逻辑关系、进度计划中的核心线路和工序体现出来,无法区分主要关系和次要关系等。如若生产项目的规模大、工作复杂,那么横道图法具有一定的限制性。

(2)网络计划图

网络计划图是运用于生产项目控制和计划上的核心管理技术。该方法主要通过网络分析编制进度计划并对制订的计划进行评价,以网络的形式表示各工序、时长及工序之间的逻辑关系。利用该方法不仅可以科学地分析建设生产项目成本和进度之间的关系,还可以确定计划进度中的关键路线。利用该方法进行生产项目进度控制时,首先要明确工程生产项目中不同活动间的逻辑性,接着标出活动的起始时间,并明确关键线路。

(3)S曲线法

S曲线法一般是以时间作为横坐标,任务累计完成数量作为纵坐标,将其绘制成S曲线;若在同一个坐标系中绘制出工程生产项目实施阶段检查实际积累的实际工作任务的S曲线,继而对实际和计划进度进行对比的方式。S曲线法通过直观对比工程生产项目的计划和实际进度,收集工程生产项目实施阶段任务累计完成量,并在规定时间内将其绘制到原有计划S线曲线图上,就能获得实际进度曲线图。工程曲线法可以从整体上,将生产项目实际和计划进度对比情况体现出来。

(4)进度管理软件

当前国际上可以使用的进度管理软件各种各样,我国常用的进度管理软件主要有以下几种:即 Primavera P6、上海普华 Power Plan、PM2、Open Plan、Project 等。

5.6.2　PC 构件生产进度控制优化

1)进度控制的任务

正如前述,进度控制的任务是依据任务委托合同对进度的要求控制工作进度,进度控制的主要工作环节包括下述内容。

①编制进度计划及相关的资源需求计划。

②组织进度计划的实施。

③进度计划的检查与调整。

(1)编制进度计划及相关的资源需求计划

车间应视生产项目的特点和进度控制的需要编制计划,如深度不同的控制性和直接指导生产项目的进度计划,以及按不同计划周期的计划等。为确保生产进度计划能得以实施,车间还应编制劳动力需求计划、物资需求计划以及资金需求计划等。

(2)组织进度计划的实施

进度计划的实施指的是按进度计划的要求组织人力、物力和财力进行生产。在进度计划实施过程中,应进行下述工作。

①跟踪检查,收集实际进度数据。

②将实际进度数据与进度计划对比。

③分析计划执行的情况。

④对产生的偏差,采取措施予以纠正或调整计划。

⑤检查措施的落实情况。

⑥进度计划的变更必须与有关单位和部门及时沟通。

(3)进度计划的检查与调整

进度计划的检查应按统计周期的规定定期进行,并应根据需要进行不定期的检查。生产进度计划检查的内容包括下述内容。

①检查工程量的完成情况。

②检查工作时间的执行情况。

③检查资源使用及与进度保证的情况。

④前一次进度计划检查提出问题的整改情况。

进度计划检查后应按下列内容编制进度报告:

①进度计划实施情况的综合描述。

②实际工程进度与计划进度的比较。

③进度计划在实施过程中存在的问题及其原因分析。

④进度执行情况对工程质量、安全和生产成本的影响情况。

⑤将采取的措施。

⑥进度的预测。

进度计划的调整应包括下述内容。

①工程量的调整。

②工作(工序)起止时间的调整。

③工作关系的调整。

④资源提供条件的调整。

⑤必要目标的调整。

2)进度控制的措施

进度控制的措施主要包括组织措施、管理措施、经济措施和技术措施。

(1)进度控制的组织措施

进度控制的组织措施如下所述。

正如前述,组织是目标能否实现的决定性因素。因此,为实现生产项目的进度目标,应充分重视健全生产项目管理的组织体系,如图 5.1 所示。

在生产项目组织结构中应有专门的工作部门和符合进度控制岗位资格的专人负责进度控制工作。

进度控制的主要工作环节包括进度目标的分析和论证、编制进度计划、定期跟踪进度计划的执行情况、采取纠偏措施以及调整进度计划。这些工作任务和相应的管理职能应在生产项目管理组织设计的任务分工表和管理职能分工表中标示并落实。

应编制生产进度控制的工作流程如下所述。

①定义生产进度计划系统(由多个相互关联的生产进度计划组成的系统)的组成。

②各类进度计划的编制程序、审批程序和计划调整程序等。

进度控制工作包含了大量的组织和协调工作,而会议是组织和协调的重要手段,应进行有关进度控制会议的组织设计,以明确:

①会议的类型。

②各类会议的主持人、参加单位和人员。

③各类会议的召开时间。

④各类会议文件的整理、分发和确认等。

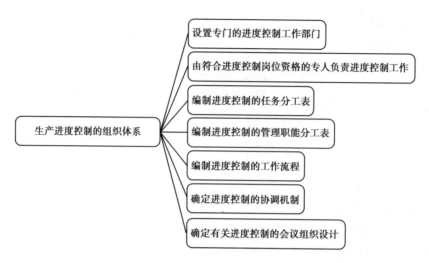

图 5.1　全生产项目管理的进度控制组织体系

（2）进度控制的管理措施

进度控制在管理观念方面存在的主要问题如下所述。

①缺乏进度计划系统的观念。往往分别编制各种独立而互不关联的计划,这样就形成不了计划系统。

②缺乏动态控制的观念。只重视计划的编制,而不重视及时地进行计划的动态调整。

③缺乏进度计划多方案比较和选优的观念。合理的进度计划应体现资源的合理使用、工作面的合理安排、有利于提高建设质量、有利于文明生产和有利于合理地缩短建设周期。

进度控制的管理措施如下所述。

①进度控制的管理措施涉及管理的思想、管理的方法、管理的手段、合同管理和风险管理等。在理顺组织的前提下,科学和严谨的管理十分重要。

②用工程网络计划的方法编制进度计划必须很严谨地分析和考虑工作之间的逻辑关系,通过工程网络的计算可发现关键工作和关键路线,也可知道非关键工作可使用的时差,工程网络计划的方法有利于实现进度控制的科学化。

③承发包模式的选择直接关系到工程实施的组织和协调。为了实现进度目标,应选择合理的合同结构,以避免过多的合同交界面而影响工程的进展。工程物资的采购模式对进度也有直接的影响,对此应作比较分析。

④为实现进度目标,不但应进行进度控制,还应注意分析影响生产进度的风险,并在分析的基础上采取风险管理措施,以减少进度失控的风险量。常见的影响生产进度的风险,如:

a.组织风险。

b.管理风险。

c.合同风险。

d.资源(人力、物力和财力)风险。

e.技术风险等。

⑤应重视信息技术(包括相应的软件、局域网、互联网以及数据处理设备等)在进度控制中的应用。虽然信息技术对进度控制而言只是一种管理手段,但它的使用有利于提高进度信息处理的效率和透明度,同时有利于促进进度信息的交流和生产项目各参与方的协同工作。

（3）进度控制的经济措施

进度控制的经济措施涉及生产资金需求计划和加快生产进度的经济激励措施等。

为确保进度目标的实现,应编制与进度计划相适应的资源需求计划(资源进度计划),包括资金需求计划和其他资源(人力和物力资源)需求计划,以反映工程生产各时段所需要的资源。通过资源需求的分析,可发现所编制的进度计划实现的可能性,若资源条件不具备,则应调整进度计划。

在编制工程成本计划时,应考虑加快工程进度所需要的资金,其中包括为实现生产进度目标将要采取的经济激励措施所需要的费用。

(4)进度控制的技术措施

进度控制的技术措施涉及对实现生产进度目标有利的设计技术和生产技术的选用。

不同的设计理念、设计技术路线、设计方案会对工程进度产生不同的影响,在工程进度受阻时,应分析是否存在设计技术的影响因素,为实现进度目标有无设计变更的必要和是否可能变更。

方案对工程进度有直接的影响,在决策其选用时。不仅应分析技术的先进性和经济的合理性,还应考虑其对进度的影响。在工程进度受阻时,应分析是否存在生产技术的影响因素,为实现进度目标有无改变生产技术、生产方法和生产机械的可能。

3)进度控制的优化

进度计划表示的逻辑关系通常有两种:一是工艺关系,即由工艺技术要求的工作先后顺序关系;二是组织关系,生产组织时按需要进行的工作先后顺序安排。通常情况下,优化进度计划时,只能调整工作间的组织关系。

进度优化也称时间优化,其目的是当计划计算工期不能满足要求工期时,通过不断压缩关键线路上的关键工作的持续时间等措施,达到缩短工期、满足要求的目的。选择优化对象应考虑下列因素:①缩短持续时间对质量和安全影响不大的工作;②有备用资源的工作;③缩短持续时间所需增加的资源、费用最少的工作。

生产进度计划的优化采用的原理、方法与调整生产进度计划相同。

生产进度计划的优化依据进度计划检查结果。生产进度优化的内容包括生产内容、工程量、起止时间、持续时间、工作关系、资源供应等。优化生产进度计划的步骤如下:分析进度计划检查结果;分析进度偏差的影响并确定调整的对象和目标;选择适当的调整方法;编制调整方案;对调整方案进行评价和决策;确定调整后付诸实施的新生产进度计划。进度计划的优化,一般有以下几种方法:

①关键工作的调整。本方法是进度计划调整的重点,也是最常用的方法之一。

②改变某些工作间的逻辑关系。此种方法效果明显,但应在允许改变关系的前提之下才能进行。

③剩余工作重新编制进度计划。当采用其他方法不能解决时,应根据工期要求,将剩余工作重新编制进度计划。

④非关键工作调整。为了更充分地利用资源、降低成本,必要时可对非关键工作的时差作适当调整。

⑤资源调整。若资源供应发生异常,或某些工作只能由某特殊资源来完成时应进行资源调整,在条件允许的前提下将优势资源用于关键工作的实施,资源调整的方法实际上也是资源优化。

5.7　PC 构件生产成本管理

5.7.1　PC 构件生产成本计划编制

1)生产成本构成

PC 构件生产成本构成主要包括直接成本和间接成本(表 5.3)。

表 5.3　PC 构件生产成本主要构成表

序　号	费用名称	金额/元
一	直接成本	
1.1	原材料费	
1.2	辅助材料费	
1.3	预埋件费	
1.4	直接人工费	
1.5	模具费分摊	

续表

序　号	费用名称	金额/元
1.6	制造费用	
1.6.1	能耗费用	
1.6.2	低值易耗品费分摊	
1.6.3	……	
二	间接成本	
2.1	企业管理费	
2.2	规费	
2.3	固定资产折旧费	
2.4	分摊费	
2.5	维护费	

其中,能耗费用主要构成见表5.4。

表5.4　能耗费用主要构成表

序　号	费用名称	单　位	消耗量	单价/元	合价/元
一	电能				
二	天然气				
三	煤炭				
四	燃油				
五	⋮				
六	合计				

(1)直接成本

直接成本包括原材料费、辅助材料费、预埋件费、直接人工费、模具费分摊、制造费用。

①原材料费。包括水泥、石子、砂子、水、外加剂、钢筋、套筒、饰面材、保温材、连接件、窗等材料的费用。材料费计算既要考虑运到工厂的运费,还要考虑材料损耗。

②辅助材料费。包括脱模剂、保护层垫块、修补料、产品标识材料等。辅助材料费计算既要考虑运到工厂的运费,还要考虑材料损耗。

③预埋件费。包括脱模预埋件、翻转预埋件、吊装预埋件、支撑防护预埋件、安装预埋件等。计算预埋件费时要计算运到工厂的运费。

④直接人工费。包括各生产环节的直接人工费,如工资、劳动保险、公积金、其他福利费等。

⑤模具费分摊。模具费是指制作模具的全部费用,包括全部人工费、材料费、机具使用费、外委加工费及模具部件购置费等,按周转次数分摊到每个构件上。固定或流动模台的分摊费用计入间接成本。

⑥制造费用。包括水、电、蒸汽等能源费、工具费分摊、低值易耗品费分摊。

(2)间接成本

间接成本包括工厂管理人员、试验室人员及工厂辅助人员全部工资性生产项目、劳动保险、公积金、工会经费的分摊、土地购置费的分摊、厂房、设备等固定资产折旧的分摊、模台的分摊、专用吊具和支架的分摊、修理费的分摊、工厂取暖费的分摊、直接人工的劳动保护费、工会经费、产品保护和包装费用等。

2)生产成本的种类

按照成本控制的不同标准分为下述4种。

（1）目标成本

目标成本是指企业在生产经营活动中某一时期内要求实现的成本目标,是为了控制生产经营过程中的劳动消耗和物资消耗,降低产品成本,实现企业的目标利润。

（2）计划成本

计划成本是指根据计划期的各项平均先进消耗标准和有关资料确定的成本。

（3）标准成本

标准成本是指企业在正常的生产经营条件下,以标准消耗量和标准价格计算的产品成本,具有科学性、正常性、稳定性、尺度性、目标性。

（4）定额成本

定额成本是指根据一定时期的执行定额,例如国家、地方或企业定额。

3）生产成本目标编制

应依据可行性、先进性、科学性、统一性、适时性等原则进行编制。常用的定性分析法是用目标利润百分比来确定目标成本。

目标成本 = 工程造价 × [1 - 目标利润率(%)]

编制的主要依据有:

①企业制订的目标责任书,包括各项管理指标。

②设计图计算出的工程量。

③企业定额,包括人工、材料、机械等价格。

④生产项目设计及实施方案。

⑤生产项目岗位责任成本控制指标。

4）生产成本计划的原则

（1）从实际情况出发的原则

根据国家的方针政策,从企业的实际情况出发,充分挖掘企业内部潜力,使降低成本指标既积极可靠,又切实可行。

（2）与其他目标计划结合

制订构件生产成本计划,必须与生产过程的其他各项计划,如生产方案、生产进度、财务计划、材料供应及耗费计划等密切结合,保持平衡。一方面,构件生产成本计划要根据构件的生产、技术组织措施、劳动工资、材料供应等计划来编制;另一方面,构件生产成本计划又影响着其他各种计划指标适应降低成本的要求。

（3）采用先进的技术经济定额的原则

必须以各种先进的技术经济定额为依据,并针对构件的具体特点,采取切实可行的技术组织措施作保证。

（4）统一领导、分级管理的原则

在生产经理的领导下,以财务和计划部门为中心,发动全体职工共同总结降低成本的经验,找出降低成本的正确途径,使目标成本的制订和执行具有广泛的群众基础。

（5）弹性原则

应留有充分余地,保持目标成本的一定弹性。在制订期内,技术经济状况和供产销条件很可能发生一些不能预料的变化,尤其是材料供应、市场价格千变万化,将给目标的拟订带来很大困难,因而在制订目标时应充分考虑这些情况,使成本计划保持一定的应变适应能力。

5）生产成本预测方法

生产成本预测通常是对生产项目计划工期内影响其成本变化的各个因素进行分析,比照近期已完工产品或将完工产品的成本(单位面积成本或单位体积成本),预测这些因素对生产成本的影响程度,然后用比重法进行计算,预测出产品的单位成本或总成本。其基本步骤为:

①近期类似生产产品的成本调查或计算。

②产品差异修正。由于构件产品的特殊性,利用近期类似产品成本作为现有产品的初始预测成本时,必须对其进行必要的修正,主要考虑生产构件结构等差异。

③预测影响生产成本的因素。由于生产过程中受到众多因素的干扰,所估计的工程成本不可能与工程实际成本完全一致,必须分析对象工程成本的影响因素,并确定影响程度,对估计出的成本加以修正,使其与实际成本更加接近,在工程管理中发挥作用。

工程成本的主要因素可以概括为:

①物价上涨或下降。

②劳动力工资的增长。

③材料消耗定额增加或降低。

④劳动生产率的变化。

⑤其他直接费用的变化。

⑥直接费用的变化。

预测各因素的影响程度,计算预测成本。预测各因素的影响程度就是预测各因素的变化情况,再计算其对成本中有关生产项目的影响结果,最后计算预测成本。

6)量本利分析法

(1)量本利分析法的基本原理

量本利分析法是研究企业经营中一定时期的成本、业务量(生产量或销售量)和利润之间的变化规律,从而对利润进行规划的一种技术方法。量本利分析法的基本数学模型为:

设某企业生产产品的本期固定成本总额为 C_1,单位售价为 P,单位变动成本为 C_2,销售量为 Q,销售收入为 Y,总成本为 C,利润为 T_P,则成本、收入、利润之间存在如下关系(图5.2)。

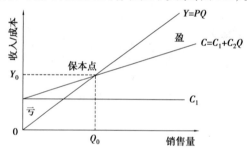

图5.2　盈亏分析图

以横轴表示销售量,纵轴表示收入与成本,建立坐标图,并分别在图上画出成本线和收入线,则:

$$C = C_1 + C_2 Q$$
$$Y = PQ$$
$$T_P = Y - C = (P - C_2)Q - C_1$$

从图5.2可以看出,收入线与成本线交于一点,该点称为盈亏平衡点或损益平衡点。在该点上,该产品收入与成本正好相等,即处于不亏不盈或损益平衡状态,也称为保本状态,故该图称为盈亏分析图。

(2)保本销售量和保本销售收入

保本销售量和保本销售收入,就是对应盈亏平衡点的销售量 Q 和销售收入 Y 的值。在保本状态下,销售收入与生产成本相等,即

$$Y_0 = C_1 + C_2 Q_0$$

因此

$$PQ_0 = C_1 + C_2 Q_0$$
$$Q_0 = \frac{C_1}{P - C_2}$$

7)生产成本计划的编制

生产目标成本一经确定,就需要进行生产成本计划的编制。程序如下:

①搜集和整理各类有关资料。

②分解目标成本。

③编制成本计划草案。

④综合平衡,编制正式的成本计划。

8)计划目标成本的分解与责任体系的建立

成本的控制,不仅仅是专业成本员的责任,所有的生产管理人员,都要按照自己的业务分工各负其责。为了保证成本控制工作的顺利进行,需要把所有参与生产过程的人员组织起来,将计划目标成本进行分解与交底,使车间的所有成员和各个单位、部门明确自己的成本责任,并按照自己的分工开展工作。具体成本管理责任为:

(1)合同预算员的成本管理责任

①根据合同条件、预算定额和有关规定,充分利用有利因素,编好预算,为企业正确确定责任目标成本提供依据。

②深入研究合同规定的"开口"生产项目,在有关生产项目管理人员(如生产项目工程师、材料员等)的配合下,努力增加工程收入。

③收集工程变更资料(包括工程变更通知单、技术核定单和按实结算的资料等),及时办理增加账,保证工程收入,及时收回垫付的资金。

④参与对外经济合同的谈判和决策,以预算和增加账为依据,严格控制分包、采购等施工所必须的经济合同的数量、单价和金额,切实做到"以收定支"。

(2)生产技术人员的成本管理责任

①根据现场的实际情况,合理规划生产现场平面布置(包括材料、构件的堆放场地,材料、构件在现场的运输路线,临时设施的搭建数量和标准等),为减少浪费创造条件。

②严格执行技术规范和以预防为主的方针,确保产品质量,减少零星修补,消灭质量事故,不断降低质量成本。

③运用技术优势,采取实用、有效的技术组织措施和合理化建议,走技术与经济相结合的道路,为提高生产项目经济效益开拓新的途径。

④严格执行安全操作规程,减少一般安全事故,消灭重大人身伤亡事故和设备事故,确保安全生产,将事故损失减少到最低限度。

(3)材料人员的成本管理责任

①材料采购和构件加工,要选择质优、价低、运距短的供应(加工)单位。对到场的材料、构件要正确计量、认真验收,如遇质量差、量不足的情况,要进行索赔。切实做到:降低材料、构件的采购(加工)成本,减少采购(加工)过程中的管理损耗,为降低材料成本走好第一步。

②根据计划进度,及时组织材料、构件的供应,保证生产项目施工的顺利进行,防止因停工待料造成损失。在构件加工的过程中,要按照生产顺序组织配套供应,以免因规格不齐造成施工间隙,浪费时间和人力。

③严格执行限额领料制度,控制材料消耗;同时,还要做好余料的回收和利用,为考核材料的实际消耗水平提供正确的数据。

④根据生产的需要,合理安排材料储备,减少资金占用,提高资金利用效率。

(4)机械管理人员的成本管理责任

①根据产品特点和生产方案,合理选择机械的型号、规格和数量。

②根据生产需要,合理安排生产机械,充分发挥机械的效能,减少机械使用成本。

③严格执行机械维修保养制度,加强平时的机械维修保养,保证机械完好和在施工中正常运转。

(5)行政管理人员的成本管理责任

①根据生产的需要和生产管理者的意图,合理安排生产技术人员和后勤服务人员,节约工资性支出。

②具体执行费用开支标准和有关财务制度,控制非生产性开支。

③管好用好行政办公用财产、物资,防止损坏和流失。

④安排好生活后勤服务,在勤俭节约的前提下,满足职工的生活需要,安心为前方生产出力。

（6）财务成本人员的成本管理责任

①按照成本开支范围、费用开支标准和有关财务制度，严格审核各项成本费用，控制成本支出。

②建立月度财务收支计划制度，根据施工生产的需要，平衡调度资金，通过控制资金使用达到控制成本的目的。

③建立辅助记录，及时向有关生产项目管理人员反馈信息，以便对资源消耗进行有效的控制。

④开展成本分析，特别是月度成本综合分析和针对特定问题的专题分析，要做到及时向有关生产项目管理人员反映情况，提出建议，以便采取针对性的措施来纠正生产项目成本的偏差。

5.7.2　PC 构件生产成本控制优化

世界各国范围内从大规模的装配式混凝土建筑兴起到现在已有半个多世纪，都不存在装配式生产成本比现浇高。装配式建筑的发展本身就是为了降低成本、提高质量的。

但是，目前国内确实存在高于现浇成本的现象，其中最主要的原因并不是工厂生产成本高多少，很多时候是工厂以外的因素，主要有 3 个方面的原因：一是社会因素，市场规模小生产摊销费用高；二是结构体系不成熟或者是规范相对审慎所造成的成本较高；三是没能形成专业化生产，很多工厂生产的产品品种多。但是从工厂本身也有降低成本的空间，主要有以下几个方面：

1）减少工厂不必要的投资以降低固定成本

为降低生产企业的固定成本，企业在建厂初期应做合理的规划。选择合适的生产工艺、设备等从而减少固定费用的投入。

①根据市场的需求和发展趋势进行产品定位，可做多样化的产品生产，也可以选择专业化生产一种产品。

②确定适宜的生产规模，不宜一下子铺得太大，可根据市场规模逐步扩大。

③选择合适的生产工艺，不盲目地以作秀为目的选择生产工艺。要根据实际生产需求来确定生产工艺，要从经济效益和生产能力等多方面考虑。目前世界范围内自动化的生产线适合生产的构件品种非常少，能适合国内结构体系的构件更少。流动线也是，并不是一个必选的生产项目。

④合理规划工厂布局，节约用地。借鉴有成功经验的工厂，多调研咨询。

⑤制订合理的生产流程及转运路线，减少产品的转运工作。

⑥选购合适的生产设备。

根据需要选购合适的设备。比如没必要所有的车间起重机都选择 10 ~ 20 t 的，应根据工艺需要确定，如钢筋加工区 5 t 起重机就能满足生产需要。

在早期可以利用社会现有资源启动项目，租厂房、购买商品混凝土、采购钢筋成品等。用量较少的特殊构件不应当作为建设工厂的依据，如果有需要完全可以利用室外场地加上临时活动厂棚方式来进行生产，从而减少投资额。

2）优化模具，降低模具成本

模具对装配式混凝土结构构件质量、生产周期和成本影响很大，是预制构件生产中非常重要的环节。模具费在预制构件中所占比例较大，一般占构件制作费用的 5% ~ 10%，甚至更高。因此必须把优化模具作为降低成本的重要内容。优化模具有以下途径：

①在设计阶段与设计方、甲方协调，尽可能减少构件种类。

②通过标准化设计，提高模具重复利用率和改用率。

③根据每种产品的数量选用不同材质的模具。

④合并同类项，使模具具有通用性。

⑤设计具有可变性的模具，通过简单修改即可制作其他产品。例如生产墙板的边模通过修改，可以生产出不同规格的墙板；柱子模具通过增加挡板可以生产高度不一样的柱子。

⑥生产数量少的构件可以采用木模或者混凝土模等低成本模具。定型成品以及数量多的产品采用钢模。

⑦模具应具有组装便利性，例如楼梯的边模可以用轨道拉出来，省去了组装模具时对起重机的依赖，从而降低了设备和人员的成本。

3) 控制劳动力成本

装配式混凝土构件生产中劳动力成本占总成本的 15% ~ 20% ,控制好劳动力成本是降低生产成本的重要环节。劳动力的节约要靠技术的成熟或者选择合适的结构体系。从工厂降低劳动力成本方面主要体现在以下几个方面:

①钢筋加工部分环节采用机械化及自动化生产。

②合理的制造工期,减少工人加班加点,均衡生产。

③稳定的劳动队伍,减少培训。

④用工方式多采用计件或者劳务外包形式,专业的事情由专业的人员来做。

⑤装配式建筑对计划性要求比较高,一旦有窝工或者生产线某个环节有问题就会影响全局,因此周密的计划、周密的准备会降低劳动力成本。或者以劳务外包或计件的方式来提高生产效率。

4) 降低材料消耗

装配式建筑 PC 工厂在材料降低消耗方面可降低的空间不大,搅拌混凝土是自动计量,浇筑混凝土是专用的布料机,钢筋加工是机械化自动化的设备。所以在降低材料消耗空间方面不大,但是还是有所作为的,主要体现在下述方面。

①建立健全原材料采购、保管、领用制度。避免采购错误、保管不当等造成的浪费。对常用的工具、隔垫等材料建立完善的管理制度,避免损失浪费。

②根据图样定量计算出所需原材料。

③通过严格的质量控制、质量管理制度降低废次品率。

④减少材料随意堆放造成的材料浪费。

⑤减少搬运过程对材料的损坏。

⑥正确使用材料,避免用错材料。

⑦在设计单位设计预埋件阶段,与设计单位沟通互动,不同功能共用一个预埋件,例如有些墙板的斜支撑预埋件与脱模预埋件共用。

⑧带饰面、保温材料的预制构件要绘制排版图,工厂根据排版图加工各种饰面材料。

⑨建立混凝土搅拌站,减少罐车运输混凝土挂壁的损耗。

5) 节约能源消耗

①在工厂设计,布置能源管线时尽可能减少能源运输距离,做好运输管道的保温。

②在固定模台工艺或者立模工艺就地养护,做好构件养护覆盖保温措施。覆盖要有防水膜保水养护,有保温层及时覆盖,覆盖要严密不漏气。

③构件集中养护,例如异形构件阳台板、空调板等小型构件浇筑完成后集中在一个地方养护减少能源消耗。

④建立灵活的养护制度。通过自动化养护系统控制温度,减少蒸汽用量。

⑤夏季根据温度的变化缩短养护时间。

⑥利用太阳能养护小型构件,特别是被动式太阳能的利用。最简单的方式就是在太阳能养护房朝阳面设置玻璃棚加蓄热墙。

⑦蒸汽也可以采用太阳能热水加热。

⑧养护窑保温要好,养护窑要分仓,养护温度应根据气温灵活调整,合适为好。固定模台养护要覆盖好。

6) 避免构件破损

(1) 设计阶段

在设计阶段工厂应与设计师协同设计,关于构件协同设计要求如下所述。

①构件在设计阶段减少尖锐角、大尺寸悬挑等环节造成的破损。

②模具设计阶段分缝应选在不影响脱模的地方,减少脱模环节对构件的损坏。

(2) 充分振捣

充分振捣以提高混凝土密实度。

（3）充分养护

经过试验后达到脱模强度后脱模。

（4）按要求拆卸模具

避免螺栓没有松开而野蛮脱模造成的破损。

（5）在运输环节和堆放环节对产品做好保护

①运输路线上易碰到的地方做好软包或者警示。

②减少运输路线交叉作业。

③构件堆放按照工艺设计做好隔垫。

（6）合理布置厂内构件物流路线，减少搬运次数

7）优化设计

优化设计对工厂降低成本非常重要。

①在设计阶段有经验的 PC 构件生产企业技术团队应参与其中，要考虑构件拆分和制作的合理性。构件拆得太大，增加了对起重能力的要求。构件拆分太小了，生产作业数量增加成本也高。

②构件拆分时，尽可能减少规格型号，注意考虑模具的通用性和可修改替换性。

8）合理的制作工期

合理的工期既可以保证生产项目的均衡生产，也可以降低人工成本、设备设施费用、模具数量以及各项成本费用的分摊额，从而达到降低预制构件成本的目的。与施工单位做好合理的生产计划，避免加班加点以及为了追赶工期而增加模具、人力等所造成的成本。

9）通过有效管理

①减少出错，建立健全工厂管理制度，并严格按照制度执行确保生产效率最高。

②制订成本管理目标，通过改善现场管理从而消除浪费。

③提高质量。执行全面质量管理体系，降低不合格品率，减少因质量管理不当造成废品的浪费。

④合理安排劳动力计划，减少人工成本。

采用自动化管理如 SCADA 系统和 MES 系统。

5.7.3　PC 构件生产成本分析

成本分析就是根据统计核算、业务核算和会计核算提供的资料，对成本的形成过程和影响成本升降的因素进行分析，以寻求进一步降低成本的途径，包括生产项目成本中有利偏差的挖掘和不利偏差的纠正；另一方面，通过成本分析，可以通过账簿、报表反映的成本现象看清成本的实质，从而增强生产项目成本的透明度和可控性，为加强成本控制、实现生产项目成本目标创造条件。

1）成本分析的内容和原则

（1）成本分析的内容

成本分析的内容就是对成本变动因素的分析。影响成本变动的因素有两个方面：一是外部的属于市场经济的因素；二是内部的属于企业经营管理的因素。工程生产项目成本分析的重点应放在影响工程生产项目成本升降的内部因素上，即：

①材料、能源利用的效果。

②机械设备的利用效果。

③施工质量水平的高低。

④人工费用水平的合理性。

⑤其他影响施工生产项目成本变动的因素。

（2）成本分析的原则

成本分析应该符合以下原则要求：

①实事求是。

②用数据说话。

③注重时效。

④为生产经营服务。

2）工程生产项目成本分析的方法

（1）成本分析的基本方法

①比较法。比较法就是通过技术经济指标的对比，检查目标的完成情况，分析产生差异的原因，进而挖掘内部潜力的方法。比较法通常有下列形式：

a.将实际指标与目标指标进行对比，以此检查目标的完成情况，分析完成目标的积极因素和影响目标完成的原因，以便及时采取措施，保证成本目标的实现。

b.本期实际指标与上期实际指标对比。通过这种对比，可以看出各项技术经济指标的动态情况，反映施工生产项目管理水平的提高程度。

c.与本行业平均水平、先进水平对比。通过这种对比，可以反映本生产项目的技术管理和经济管理与其他生产项目的平均水平和先进水平的差距，进而采取措施赶超先进水平。

以上3种对比可以在一张表上同时反映。

②因素分析法。因素分析法，又称连锁置换法或连环替代法。这种方法可用来分析各种因素对成本形成的影响程度。在分析时，首先要假定众多因素中的一个因素发生了变化，而其他因素不变，然后逐个替换，并分别比较其计算结果，以确定各个因素的变化对成本的影响程度。

③差额计算法。差额计算法是因素分析法的一种简化形式，其利用各个因素的目标与实际的差额来计算其对成本的影响程度。

④比率法。比率法是指用两个以上的指标比例进行分析的方法。其基本特点是：先把对比分析的数值变成相对数，再观察其相互之间的关系。常用的比率法有以下3种。

a.相关比率。生产项目经济活动的各个方面是互相联系、互相依存、互相影响的，因而可将两个性质不同而又相关的指标加以对比，求出比率，并以此来考察经营成果的好坏。例如，产值和工资是两个不同的概念，但它们又是投入与产出的关系。一般情况下，都希望以最少的人工费支出完成最大的产值，因此，用产值工资率指标来考核人工费的支出水平，就很能说明问题。

b.构成比率。通过构成比率，可以考察成本总量的构成情况及各成本生产项目占成本总量的比重，同时也可看出量、本、利的比例关系（即承包成本、实际成本和降低成本的比例关系），从而为寻求降低成本的途径指明方向。

c.动态比率。就是将同类指标不同时期的数值进行对比，求出比率，以分析该项指标的发展方向和发展速度。

（2）生产项目成本偏差的数量分析

工程成本偏差的数量分析，就是对工程生产项目施工成本偏差进行分析，从承包成本、计划成本和实际成本的相互对比中找差距找原因，从而推动工程成本分析，促进成本管理，提高成本降低水平。

$$计划偏差 = 承包成本 - 计划成本$$
$$实际偏差 = 计划成本 - 实际成本$$

这里的承包成本可分别指施工图承包成本、投标书合同承包成本和生产项目管理责任目标成本等3个层次的预算成本。计划成本是指现场目标成本，即施工预算。承包成本与计划成本的计划偏差反映了计划成本与社会平均成本的差异、计划成本与竞争性标价成本的差异以及计划成本与企业预期目标成本的差异。

实际偏差即计划成本与实际成本相比较的差额，既反映施工生产项目成本控制的实绩，也反映和考核生产项目成本控制水平的依据。分析实际偏差的目的在于检查计划成本的执行情况。实际偏差的负差反映计划成本控制中存在的缺点和问题，挖掘成本控制的潜力，缩小和纠正目标偏差，保证计划成本的实现。

①人工费偏差分析。人工费偏差分析包括人工费量差与人工费价差，其计算公式如下：

$$人工费量差 = (定额工日数 - 实际工日数) \times 预算人工单价$$
$$人工费价差 = 实际耗用工日数 \times (预算人工单价 - 实际人工单价)$$

实行生产项目管理以后，工程施工的用工一般采用发包形式，其特点是：

a. 按承包的实物工程量和预算定额计算定额人工,以此作为计算劳务费用的基础。

b. 人工费单价由承发包双方协商确定,一般按技工和普工或技术等级分别规定工资单价。

c. 定额人工以外的估点工,有的按定额人工的一定比例一次包死,有的按实计算,估点工单价由双方协商确定。

d. 对在进度、质量上做出特殊贡献的班组和个人,进行随机奖励,由生产项目经理根据实际情况具体掌握。

②材料费分析。材料费包括主要材料费、结构件费和周转材料费。由于主要材料是采购来的,结构件是委托加工的,周转材料是租来的,情况各不相同,因而需要采取不同的分析方法。

A. 主要材料费的分析

量差对材料费影响的计算公式为:

$$（定额用量 - 实际用量）\times 市场指导价$$

价差对材料费影响的计算公式为:

$$（市场指导价 - 实际采购价）\times 消耗数量$$

a. 材料采购价格分析:材料采购价格是决定材料采购成本和材料费升降的重要因素。分析材料采购获利情况的计算公式如下:

$$材料采购收益 =（市场指导价 - 实际采购价）\times 采购数量$$

b. 材料采购管理费分析:材料采购保管费也是材料采购成本的组成部分。一般情况下,材料采购保管费与材料采购数量同步增减,即材料采购数量越多,材料采购保管费也越多。材料采购保管费支用率的计算公式如下:

$$材料采购保管费支用率 = \frac{计算期实际发生的材料采购保管费}{计算期实际采购的材料总值} \times 100\%$$

c. 材料计量验收分析:材料进场(入库),需要计量验收。在计量验收中,有可能发生数量不足或质量、规格不符合要求等情况。要分析由数量不足和质量、规格不符合要求对成本的影响。

d. 材料消耗分析:材料消耗包括材料的生产耗用、操作损耗、管理损耗等,是构成材料费的主要因素。

e. 现场材料管理效益分析:现场的工程材料要按照平面布置的规定堆放有序,防止材料浪费与丢失。

f. 储备资金分析:根据施工需要合理储备材料,减少资金占用,减少利息支出。

B. 结构件分析。结构件的分析主要有以下两个方面。

a. 结构件损耗分析:包括结构件的运输损耗、堆放损耗、操作损耗等的分析。

b. 结构件规格串换分析:包括钢筋规格串换分析,设计变更等原因造成某些构件的规格(型号)发生变化的分析,由于自身原因造成的加工规格与实际规格不符(包括加工数量超过实际需要)的分析等。

C. 周转材料分析。周转材料分析的主要内容是周转材料的周转利用率和周转材料的赔损率。

a. 周转材料的周转利用率分析:周转材料的特点是在工作中反复周转使用,周转次数越多,利用效率越高,经济效益也越好。对周转材料的租用单位来说,周转利用率是影响周转材料使用费的直接因素。

b. 周转材料的赔损率分析:周转材料的缺损要按原价赔偿,对企业经济效益影响很大。周转材料赔损率的计算公式为:

$$周转材料赔损率 = \frac{进场数 - 退场数}{进场数} \times 100\%$$

③机械使用费分析。影响机械使用费的主要因素是机械利用率;造成机械利用率不高的因素,则是机械调度不当和机械完好率不高。因此,在机械设备的使用过程中,必须充分发挥机械的效用,加强机械设备的平衡调度,做好机械设备平时的维修保养工作,提高机械的完好率,保证机械的正常运转。

机械完好率与机械利用率的计算公式如下:

$$机械完好率 = \frac{报告期机械完好总台班数}{报告期机械制度总台班数} \times 100\%$$

$$机械利用率 = \frac{报告期机械实际工作总台班数}{报告期机械制度总台班数} \times 100\%$$

完好台班数是指机械处于完好状态下的台班数,它包括修理不满一天的机械,但不包括待修、在修、送修在途的机械。在计算完好台班数时,只考虑是否完好,不考虑是否在工作。制度台班数是指本期内全部机械台班数,不考虑机械的技术状态和是否工作。

④施工间接费分析。施工间接费就是施工生产项目经理部为管理施工而发生的现场经费。进行施工间接费分析,需要应用计划与实际对比的方法。施工间接费实际发生数的资料来源为工程生产项目的施工间接费明细账。

3)生产项目成本纠偏的对策措施

成本偏差的控制,分析是关键,纠偏是核心。因此,要针对分析得出的偏差原因需采取切实纠偏措施加以纠正。需要强调的是,由于偏差已经发生,纠偏的重点应放在今后的施工过程中。成本纠偏的措施包括组织措施、技术措施、经济措施及合同措施。

①组织措施。成本控制是全企业的活动,为使生产成本消耗保持在最低限度,实现对生产成本的有效控制,生产管理者应将成本责任分解落实到各个岗位、落实到专人,对成本进行全过程控制、全员控制、动态控制,形成一个分工明确、责任到人的成本控制责任体系。进行成本控制的另一个组织措施是确定合理的工作流程。成本控制工作只有建立在科学管理的基础之上,具备合理的管理体制,完善的规章制度,稳定的作业秩序,完整准确的信息传递才能取得成效。

②技术措施。生产准备阶段应多作不同生产方案的技术经济比较,选择最优生产方案,以降低成本。

③经济措施。包括认真做好成本的预测和各种计划成本;对各种支出,也应认真做好资金的使用计划,并在生产中严格控制各项开支;及时准确地记录、收集、整理、核算实际发生的成本;对各种变更做好增减账并及时找业主签证等。

④合同措施。选用合适的合同结构对生产的合同管理至关重要,在使用时,必须对其分析、比较,要选用适合于生产规模、性质和特点的合同结构模式。其次,在合同的条文中应细致地考虑一切影响成本、效益的因素,特别是潜在的风险因素,通过对引起成本变动的风险因素的识别和分析,采取必要的风险对策。在合同执行期间,合同管理部门要进行合同文本的审查,合同风险分析。在这个时间范围内,合同管理的任务是既要密切注视对方执行合同的情况,寻求向对方索赔的机会,也要密切注意我方是否履行合同的规定,防止被对方索赔。

5.8　PC构件生产安全管理

5.8.1　PC构件生产安全管理规定及岗位职责

1)PC构件生产安全管理规定

我国的安全生产方针是"安全第一、预防为主"。"安全第一"要求认识安全与生产辩证统一的关系,在安全与生产发生矛盾时,坚持安全第一的原则。"预防为主"要求安全工作要事前做好,要依靠安全科学技术的进步,加强安全科学管理,做好事故的科学预测与分析、从本质安全入手,强化预防措施,保证生产安全化。PC构件生产安全管理应当符合制造业工厂车间的安全生产管理基本要求。安全生产总则总要如下:

①"安全生产,人人有责"。所有员工必须严格遵守安全技术操作规程和各项安全生产规章制度。

②工作前,必须按规定穿戴好防护用品,女工要把发辫放入帽内,旋转机床严禁戴手套操作。不准穿拖鞋、赤脚、赤膊、散衣、戴头巾、围巾工作;上班前不准饮酒。

③工作中,应集中精力,坚守岗位,不准擅自把自己的工作交给他人;不准打闹和做与本职工作无关的事;凡运转设备,不准跨越、传递物件和触动危险部位;不准用手拉、嘴吹铁屑;不准站在砂轮的正前方进行磨削;不准超限使用设备;中途停电,应关闭电源开关。

④严格执行交接班制度,末班人员下班前必须切断电源、气源、熄灭火种,清理现场。

⑤公司内行人要走指定通道,注意各种警示标志,严禁跨越危险区;严禁在行驶中的机动车辆爬上、跳下、抛卸物品;车间内不准骑自行车。

⑥严禁任何人攀登吊运中的物件及在吊钩下通过和停留。

⑦操作工必须熟悉其设备性能、工艺要求和设备操作规程。设备要定人操作,使用本工种以外的设备时,须经有关领导批准。

⑧非电气人员不准装修电气设备和线路。

2)PC 构件生产安全岗位职责

PC 工厂实行安全生产责任制,各级管理层、各部门及作业人员应各司其职,各负其责。下面对主要人员安全职责进行介绍。

(1)厂长安全职责

厂长是 PC 工厂安全生产的主要责任人,对本单位的安全生产依法负有下列职责:

①建立、健全工厂安全生产责任制,组织制订并督促工厂安全生产管理制度和安全操作规程的落实。

②依法设置工厂安全生产管理机构,确定符合条件的分管安全生产负责人和技术负责人,并配备安全生产管理员。

③定期研究布置工厂安全生产工作,接受上级对构件安全生产工作的监督。

④督促、检查工厂中 PC 生产线、钢筋生产线、拌和站的安全生产工作,及时消除生产安全事故隐患。

⑤组织开展与构件生产预制有关的一系列安全生产教育培训、安全文化建设和班组安全建设工作。

⑥依法开展工厂安全生产标准化建设、检查、整改、取证工作。

⑦组织实施防治电焊工尘肺病、电光性皮炎、电光性眼炎、锰中毒和金属烟热,预防噪声性耳聋等职业病防治工作,保障车间内从业人员的职业健康安全。

⑧组织制订并实施用电、用气、锅炉蒸汽、机械设备使用等安全事故应急救援预案。

⑨及时、如实报告事故,组织事故抢救。

(2)班(组)长安全生产责任

PC 工厂内 PC 构件生产预制、构件运输、钢筋加工、混凝土拌合班组长,承担各自工作范围内的安全生产职责。

①带领本班(组)作业人员认真落实上级的各项安全生产规章制度,严格执行安全生产规范和操作规程,遵守劳动纪律,制止"三违"(即违章指挥、违章作业、违反操作规程)行为。

②服从车间和工厂管理层的领导和安全管理人员的监督检查,确保安全生产。

③认真坚持"三工"(即工前交代、工中检查、工后讲评)制度,积极开展班(组)安全生产活动,做好班(组)安全活动记录和交接班记录。

④配备兼职安全员,组织在岗员工的安全教育和操作规程学习,做好新工人的岗位教育,检查班组人员正确使用个人劳动防护用品,不断提高个人自我保护能力。

⑤经常检查班组作业现场安全生产状况,维护安全防护设施,发现问题及时解决并上报有关车间主任和相关负责人。

⑥发生人身伤亡事故要立即组织抢救,保护好现场,并立即向上级报告事故情况。

⑦对因违章作业、盲目蛮干而造成的人身伤亡事故和经济损失负直接责任。

(3)专(兼)职安全员安全生产责任

①专(兼)职安全员在班组长的领导下进行具体的安全管理工作。

②协助班组长落实安全生产规章制度与防护措施,并经常监督检查,抓好落实工作。

③及时发现和制止"三违"行为,纠正和消除人、机、物及环境方面存在的不安全因素。

④及时排除危及人员和设备的险情,突遇重大险情时有权停止施工,并及时向上级管理者报告。

⑤专(兼)职安全员必须持有有关部门颁发的安全员证,上岗时必须佩戴标识。

⑥对因工作失职而造成的伤亡事故承担责任。

(4)操作人员安全生产责任

①在班(组)长的领导下学习所从事工作的安全技术知识,不断提高安全操作技能。

②自觉遵守 PC 生产线、钢筋加工线、锅炉、拌和站、配电房的安全生产规章制度和操作规程,按规定佩戴劳动防护用品。在工作中做到"不伤害他人,不伤害自己,不被他人伤害",同时需劝阻制止他人违章作业。

③从事特种作业的人员要参加专业培训,掌握本岗位操作技能,取得特种作业资格后持证上岗。

④对生产现场不具备安全生产条件的,操作人员有义务、有责任建议改进。对违章指挥、强令冒险行为,有权拒绝执行。对危害人身生命安全和身体健康的生产行为,有权越级检举和报告。

⑤参与识别和控制与工作岗位相关的危险源,严守操作规程,做好各项记录,交接班时必须交接安全生产情况。

⑥对因违章操作、盲目蛮干或不听指挥而造成他人人身伤害事故和经济损失的,承担直接责任。

⑦正确分析、判断和处理各种事故隐患,把事故消灭在萌芽状态。如发生事故,要正确处理,及时、如实报告,并保护现场,做好详细记录。

5.8.2 PC构件生产安全培训

安全知识教育主要从PC工厂基本生产概况、生产预制工艺方法、危险区、危险源及各类不安全因素和有关安全生产防护的基本知识着手,进行安全技能教育。结合工厂内和车间中各专业的特点,实施安全操作、规范操作技能培训,使受培训人员能够熟悉掌握本工种安全操作技术。

1)安全培训形式

在开展安全教育活动中,结合典型的事故案例进行教育。事故案例教育可以使员工从所从事的具体事故中吸取教训,预防类似事故的发生。案例教育可以激发工厂员工自觉遵纪守法,杜绝各类违章指挥、违章作业的行为。

①安全教育、培训可以采取多种形式进行。如举办安全教育培训班,上安全课,举办安全知识讲座。既可以在车间内进行实地讲解,也可走出去观摩学习其他安全生产模范单位的PC生产线的安全生产过程。还可以请安全生产管理的专家、学者进行PC构件安全生产方面的授课,也可以请公安消防部门具体讲解消防安全的案例。

②在工厂内采取举办图片展、放映电视科教片、办黑板报、办墙报、张贴简报和通报、广播等各种形式,使安全教育活动更加形象生动,通俗易懂,使员工更容易理解和接受。

③采取闭卷书面考试、现场提问、现场操作等多种形式,对安全培训的效果进行考核。不及格者再次学习补考,合格者持证上岗。

2)安全培训要求

①进工厂的新员工必须经过工厂、车间、班组的三级安全教育,考试合格后上岗。

②员工变换工种,必须进行新工种的安全技术培训教育后方可上岗。

③根据工人技术水平和所从事生产活动的危险程度、工作难易程度,确定安全教育的方式和时间。

④特殊工种必须经过当地安监局、技术监督局的安全教育培训,考试合格后持证上岗。

⑤每年至少安排二次安全轮训,目的是不断提高PC工厂安全管理人员的安全意识和技术素质。

3)安全培训内容

①PC构件生产线生产安全(模台运行、清扫机、划线机、振动台、赶平机、抹光机等设备安全)、钢筋加工线安全、拌和站生产安全、桥式门吊和龙门吊吊运安全、地面车辆运行安全、用电安全、构件养护和冬季取暖锅炉管道安全等。

其中PC构件生产线生产安全包含模台运行安全,清扫机、划线机、布料机、混凝土输送罐、振动台、赶平机、拉毛机、抹光机等设备的使用安全;码垛机的装卸安全,翻板机的负载工作安全,各类辅助件安全(扁担梁、接驳器、钢丝绳、吊带、构件支架等),堆场龙门吊安全管理中除了吊运安全以外,还要防止龙门吊溜跑事故。在每日下班前,一定实施龙门吊的手动制动锁定,并穿上铁鞋进行制动双保险后,方可离开。

②PC构件安全:就是要按照技术规范要求起运、堆放PC构件。要进行构件吊点位置和扁担梁的受力计算,构件强度达到要求后方可起吊。正确选择堆放构件时垫木的位置,多层构件叠放时不得超过规范要求的层数与件数等。

③生产车间、办公楼与宿舍楼消防安全管理:主要是指用电安全、防火安全。依据《中华人民共和国消防法》《建设工程质量管理条例》《建设工程消防监督管理规定》(公安部第106号令)中的消防标准进行土建施工,合法合理地布置安装室外消防供水、室内消防供水系统、自动喷淋系统、消防报警控制系统、消防供电、

应急照明及安全疏散指示标志灯、防排烟系统,满足公安机关消防验收机构的验收要求。

④厂区交通安全规定。

A. 允许进出厂区的机动车辆。

a. 砂石料、水泥、钢筋等物资原材料的送货车辆。

b. PC 构件提货、送货车辆。

c. 生产设备检修维修车辆。

d. 生活与生产垃圾清运车辆。

e. 消防、救护车辆。

f. 其他经工厂办公室批准可以进入厂区的车辆。

凡要进入厂区的机动车辆,必须有行驶证、车牌号。驾驶员必须随身携带驾驶证,经工厂办公室登记备案,签订安全协议并进行安全交底后方可准许进入厂区。

B. 车辆的行驶。

a. 进入工厂的送货、提货的运输车辆必须走物流门进出厂区,其他车辆走厂区大门进出。

b. 进入厂区的机动车辆凭机动车辆入厂通行证,在厂区内划定的路线内行驶,在规定的区域内停靠。

c. 机动车辆靠右行驶,不争道、不抢行。厂区内行驶的机动车辆调头、转弯、通过交叉路口及大门口时应减速慢行,做到"一慢、二看、三通过"。

d. 让车与会车:载货运输车让小车和电车先行;大型车让小型车先行;空车让重车先行;消防、救护车等车辆进厂在执行任务时,其他车辆应迅速避让。

e. 工厂区内机动车的行驶速度:机动车辆在厂区行驶速度不得超过 15 km/h,冰雪雨水天气时行车速度不得超过 10 km/h,进出厂区门、车间、砂石堆料仓、电子衡、构件堆场时的时速不得超过 5 km/h。

5.8.3　PC 构件生产设备的安全操作

1)PC 生产线设备操作安全措施

PC 生产线翻板、清扫、喷涂、振捣等工位的作业和操作人员,必须经过设备安全操作规程的严格培训,考核合格后上岗。电工、电焊、起重等操控人员需要取得特种作业证,方可上岗。PC 生产线翻板、清扫、喷涂、振捣等设备作业前,应检查设备各部件功能是否正常,线路连接是否可靠。在距离设备安全距离外设隔离带,工作区与参观通道隔离,非工作人员不得进入工作区。机器作业时不允许移除、打开或者松动任何保险丝、三角带和螺栓。PC 生产线的设备在每天工作结束后要及时关闭电源,并定期维护和保养设备。

(1)翻板机

翻板机工作前,检查翻板机的操作指示灯、夹紧机构、限位传感器等安全装置工作是否正常。侧翻前务必保证夹紧机构和顶紧油缸将模台固定可靠。翻板机工作过程中,侧翻区域严禁站人,严禁超载运行。

(2)清扫机

第一次操作前调节好辊刷与模台的相对位置,后续不能轻易改动。

作业时,注意不得将辊刷降至与模台的抱死状态,否则会使电机烧坏。清扫机工作过程中,禁止触摸任何运动装置,如辊刷、链轮等传动件;禁止拆开覆盖件,或在覆盖件打开时,禁止启动清理机。清理模台时,任何人不得站立于被清理的模台上。除操作人员外,工作时禁止闲杂人员进入清扫机作业范围。

工作结束后关闭电源,定期清理料斗中的灰尘。

(3)隔离剂喷涂机

隔离剂喷涂机工作过程中,检查喷涂是否均匀。不均匀需及时调整喷头高度、喷射压力。调试设置好之后不得再更改触摸屏上的参数。注意定期回收油槽中隔离剂,避免污染周边环境。定期添加隔离剂,添加隔离剂前先释放油箱压力。

(4)混凝土输送机

作业人员进入作业现场,须穿戴好劳动保护。运转中遇有异常情况时,按急停按钮,先停机检查,排除故障后方可继续使用。

混凝土输送机工作过程中,严禁用手或工具伸入旋转筒中扒料、出料。禁止料斗超载。人员在高空对设备进行维修或其他作业时,必须停止高空其他设备工作,谨防被其他设备撞伤。每班工作结束后关闭电源,清洗筒体。

(5)布料机

在布料机工作时,禁止打开筛网。作业时,严禁用手或工具伸入料斗中扒料、出料。禁止料斗违规超载;每班工作结束后关闭电源,清洗料斗。

(6)振动台

模台振动时,禁止人站在模台上工作,与振动体保持距离。禁止在模台停稳之前启动振动电机,禁止在振动启动时进行除振动量调节之外的其他动作。振动台工作时,作业人员和附近工人要佩戴耳塞等防护用品。做好听力安全防护,防止振动噪声,造成听力损伤。必须严格按规定的先后顺序进行振动台操作。

(7)模台横移车

模台横移车负载运行时,前后严禁站人。运行轨道上有混凝土或其他杂物时,禁止横移车运行。除操作人员外,工作时禁止他人进入横移车作业范围。两台横移车不同步时,需停机调整,禁止两台横移车在不同步情况下运行。必须严格按规定的先后顺序进行操作。

(8)振动赶平机

振动板在下降的过程中,任何人员不得在振动板下部作业。振动赶平机在升降过程中,操作人员不得将手放入连杆和固定杆之间的夹角中,避免夹伤。作业时,注意不得将振动赶平机作业杆降至与模台抱死的状态。除操作人员外,工作时禁止闲杂人员进入振动赶平机作业范围。

(9)预养护窑

检查预养护窑的气路和水路是否正常,连接是否可靠。预养护窑开关门动作与模台行进的动作是否实现互锁保护。预养护时,禁止闲杂人员进入设备作业范围,特别是前后进出口的位置。

(10)抹光机

开机前,检查升降焊接体与电动葫芦连接是否可靠。作业前,检查抹盘连接是否牢固,避免旋转时圆盘飞出。抹光作业时,禁止闲杂人员进入设备作业范围。

(11)立体养护窑

检查立体养护窑的气路和水路是否正常。养护窑开关门动作与模台行进的动作是否实现互锁保护。检修时,请做好照明及安全防护,防止跌落。通过爬梯进入养护窑顶部检修堆垛机时要做好安全保护措施。养护作业时,禁止闲杂人员靠近养护窑。

(12)堆垛机

堆垛机工作时,地面围栏范围内严禁站人,防止被撞和被压而发生人身安全事故。操作机器前务必确保操作指示灯、限位传感器等安全装置工作正常。重点检查钢丝绳有无断丝、扭结、变形等安全隐患。在堆垛机顶部检修时,需做好安全防护,防止跌落。严禁超载运行。

(13)中央控制系统

检查中央控制系统各部件功能、网络是否正常,连接是否可靠。模台流转时,禁止闲杂人员进入作业范围内。

(14)拉毛机

严格按操作流程规定的先后顺序进行操作。拉毛机作业时,严禁用手或工具接触拉刀。工作前,先行调试拉刀下降装置。根据 PC 构件的厚度不同,设置不同的下降量,保证拉刀与混凝土面的合理角度。禁止闲杂人员进入作业范围内。

(15)成品转运车

启动前,检查成品转运车各部件功能是否正常,连接是否可靠。成品转运车工作时,严禁将工具伸入转运车轮子下面,禁止闲杂人员进入转运车作业范围内。

(16)模台运行

流水线工作时,操作人员禁止站在感应防撞导向轮导向方向进行操作;模台上和两个模台中间严禁站人。模台运行前,要先检验自动安全防护切断系统和感应防撞装置是否正常。

（17）导向轮、驱动轮

在流水线工作时，操作人员禁止站在导向轮、驱动轮导向方向进行操作。勿让导向轮承受非操作范围内的应力，单个导向轮承受到质量不能超过其承载能力。驱动模台前检查驱动轮减速箱内是否有润滑油，模台行走时不得有其他外力助推。每班次收工后，需清扫干净驱动轮上的污物。

（18）车间构件转运车

作业时，严禁将手或工具伸入转运车轮子下。构件转运车的轨道或行进道路上不得有障碍物。除操作人员外，禁止他人在工作时间进入转运车作业范围内。注意装载构件后的车辆高度，不得超出车间进出门的限高。运输时应遵循不超载、不超速行驶等安全输运的要求。

2）钢筋生产线操作安全措施

（1）钢筋生产线安全操作措施

①钢筋生产线的操作人员必须由经过严格培训后上岗。

②在使用设备之前必须确认地线已经根据电路图进行可靠连接。

③按照钢筋生产加工要求，进行放线架的接气和接电。如果有两个或两个以上的放线架，必须把它们连接在一起。

④设备处于自动工作的状态时，必须有一人现场监管。

⑤当设备工作或与设备连接的部分工作时，不得用手触摸正在加工的钢筋和其他运动部件。

⑥因盘条原料的尾部会产生飞溅，在生产期间，当盘条原料即将用完时要非常小心，要将工作速度降到最小值，确认放线架附近没有人。

⑦严禁在设备工作时穿越生产线，更不得在机器附近跑动。

（2）钢筋生产线检修、维护安全措施

①定期检查液压和气路系统全部管道和接口有无泄漏及损伤，如有应立即修复。维修之前，整个系统必须减压。

②如果检查设备的内部，要进行长时间设备冷却后方可进行。在冷却之前，不要触摸电机和其相连接的部件，以免烫伤。

③一旦设备功能受到损害，应马上中断工作，冷却设备后进行检修。

④当进行设备维护、更换零件、维修、清洁、润滑或调整等操作时，都必须切断主电源。

3）起吊设备操作安全措施

（1）起吊前安全检查

①上岗前，查看交接班记录，按规定进行检查。

②检查设备控制器、制动器、限位器、传动部位、防护装置等是否良好可靠，并按规定加油。

（2）起吊安全措施

①重吨位物件起吊时，应先稍离地面进行试吊。确认吊挂平稳，制动良好后开车。工作停车时，不得将构件悬在空中停留，运行中发现地面有人或落下吊物时应鸣笛警告。严禁吊物从人头上越过，吊运物件离地面不得过高。

②两台起重机运行时要保持安全车距，严禁撞车。龙门吊遇有大雨、雷击或 6 级以上大风时，应立即停止工作，切断电源，拧下车轮制动，并在车轮前后用铁垫块（铁鞋）垫牢。

③吊工必须做到"10 不吊"：

a. 超过额定负荷不吊。

b. 指挥信号不明、质量不明、光线暗淡不吊。

c. 吊绳和附件捆绑不牢，不符合安全要求不吊。

d. 桁车吊挂重物直接进行加工不吊。

e. 歪拉斜挂不吊。

f. 吊件上站人或工件上放有活动物品不吊。

g. 氧气瓶、乙炔等爆炸性物件不吊。

h.带棱角,未垫好的物品不吊。

i.埋在地下的物件不吊。

j.未打固定卡子不吊。

(3)停工后事项

①桁车应停在规定位置,升起吊钩,小车开到轨道两端,切断电源。

②按清洁制度保养维护设备。

③按交接班制度交接工作,并填好桁车运行记录表。

5.8.4 PC构件生产易发的安全事故及预防措施

1)机械伤害事故的预防

现代工业生产中所用到的机械设备种类繁多,各具特点,但也具有很多共性。因此可从机械设备的设计、制造、检验;安装、使用;维护保养;作业环境等各方面加强机械伤害事故的预防。

①设置防护装置。对防护装置的要求有安装牢固,性能可靠,并有足够的强度和刚度;适合机器设备操作条件,不妨碍生产和操作;经久耐用,不影响设备调整、修理、润滑和检查等;防护装置本身不应给操作者造成危害;机器异常时,防护装置应具有防止危险的功能;自动化防护装置的电气、电子、机械组成部分,要求动作准确、性能稳定、并有检验线路性能是否可靠的方法。

②机器设备的设计,必须考虑检查和维修的方便性。必要时,应随设备供应专用检查、维修工具或装置。

③为防止运行中的机器设备或零部件超过极限位置,应配置可靠的限位装置。

④机器设备应设置可靠的制动装置,以保证接近危险时能有效地制动。

⑤机器设备的气、液传动机械,应设有控制超压、防止泄漏等装置。

⑥机器设备的操作位置高出地面2 m以上时,应配置操作台、栏杆、扶手、围板等。

⑦机械设备的控制装置应安装在使操作者能看到整个设备的操作位置上,在操纵台处不能看到所控制设备的全部时,必须在设备的适当位置装设紧急事故开关。

⑧各类机器设备都必须在设计中采取防噪声措施,以使机器噪声低于国家规定的噪声标准。

⑨凡工艺过程中产生粉尘、有害气体或有害蒸气的机器设备,应尽量采用自动加料、自动卸料装置,并必须有吸入、净化和排放装置,以保证工作场所排放的有害物浓度符合有关要求。

⑩设计机器设备时,应使用安全色。易发生危险的部位,必须有安全标志。安全色和标志应保持颜色鲜明、清晰、持久。

⑪机器设备中产生高温、极低温、强辐射线等部位,应有屏护措施。

⑫有电器的机器设备都应有良好的接地(或接零),以防止触电,同时注意防静电。

⑬要按照安全卫生"三同时"的原则,在安装机器设备时设置必要的安全防护装置,如防护栏栅,安全操作台等。

2)电气安全事故预防

①所有设备的电气安装、检查与维修必须由电气专业人员进行,任何人员不得私自操作。

②车间内的电气设备不得进行随意启动等操作,只可根据本人从事的岗位所涉及的机械设备并依其操作指引进行正确的操作,不可超越规定的操作权限。严禁私自操作自己目前岗位以外的电气设备。

③本岗位使用的设备和工具等的电气部分出了故障,不得私自维修,也不得带故障运行;需及时汇报自己的上级联系专业人员处理。

④自己经常接触和使用的配电箱、配电板、闸刀开关、按钮开关、插销及导线等,必须保持完好、安全,不得将破损或带电部分裸露出来。

⑤在操作闸刀开关和磁力开关时,必须将盖盖好以防止短路时发生电弧或保险丝熔断飞溅伤人。

⑥所使用的电气设备其外壳按有关安全规程,必须进行防护性接地或接零;并对接地或接零的设施要经常进行检查,一定要确保连接牢固、接地或接零的导线不得有任何断开之处,否则接地或接零就不起任何作用了。

⑦需移动某些非固定安装的电气设备时,必须先切断电源再移动,并收好电导线且不得在地面上拖来拉去,以防磨损;若导线被硬物卡住,切忌硬拉,以防拉断导线。

⑧必须使用符合电气安全要求的插座和插头进行电源连接,并确保其接触良好和插脚无裸露,严禁不用插头直接将导线插入插座供电。

⑨对于确需移动使用的设备工具如吸尘器、手动电钻等,必须安设漏电保护器,同时工具的金属外壳应进行防护性接地或接零,并减少导线的扭曲和他物的重压或穿刺,以防漏电的发生。

⑩在放置液体状物品时,应将其置于不易碰翻及即使碰翻而液体也不会渗入机器设备内且引发安全事故的位置。

⑪在擦拭设备时,严禁用水冲洗或湿抹布擦拭电气设施,以防止短路和触电事故发生。

3)坠落事故的预防

①作业人员不可站于多个小物体重叠或可以滚动的物体上从事作业,如更换日光灯不可将转椅置于工作台上作业,因挪动脚时转椅旋转致身体失去平衡而摔下来。

②原则上规定使用人字梯从事临时性的高处作业,必须确保人字梯中间有连接(避免其跨开)和四脚有防滑耐磨塑胶套,且选用高度适中的人字梯,尽量避免直接站于顶部作业。

③在高处需用大力的作业,必须控制用力不可过猛,必要时于腰间佩戴安全带固定于固定物体上。如在高处拆卸螺钉等用力过猛,会使扳手拧空致身体失衡而摔下来。

④在爬梯子时必须用一手扶着梯子,并观察梯层逐级而上;杜绝发生脚踏空而从梯上摔下。

⑤在高处搬运物件时,必须保证走路畅通无异物和不打滑并用眼观看路面,防止因物绊倒而失去平衡而从高处摔落。

⑥搬运大件物品上楼梯时,需逐级稳步拾级而上,杜绝因物遮挡导致看不见梯面而掉落滚下楼梯。

⑦在下楼梯时,杜绝因急步不看梯面或多级而下致脚踩空或滑落而从高处摔下。

⑧在开口处调运物品时,尽量使用护栏、保证地面不打滑、作业鞋不打滑和稳站立后方可拉动物品。杜绝物品摇摆而将人拽向开口处致使坠落。

4)被夹卷事故的预防

①生产设备运行移动过程中,必须与其保持一定的距离,以免设备运行异常而被夹击。

②在保养、维修机器和进入机器护栏内时,必须停机并设警告标示牌注明机器正处于"保养中"或"禁止开机"。

③在多人从事同一工作中,需相互提醒,并执行手势呼叫确认安全。

④作业人员须依公司规定戴好安全帽、收拢头发于工帽内,并将工衣袖口扎好等,防止运动部件夹卷头发和衣服导致对人体的伤害事故发生。

⑤在搬运和堆放四角规整的物品时,需小心轻放,逐端抬起或放下后,将手逐渐伸入底部或移出边缘再抬起或放下;防止手指被夹伤。

5)易燃易爆危险品造成的事故预防

生产车间经常使用一些易燃易爆的危险物品,如酒精、松香、油漆和洗板水等,在使用、运输和储存过程中一旦管理不善或使用不当,极易造成火灾和爆炸事故,造成人员伤亡、设备损坏等,给工厂造成不可估量的损失,因此防火防爆是一项十分重要的工作。

①依厂规严禁在生产车间吸烟,在吸烟区域严禁乱扔烟头。

②各类易燃易爆物品在使用中必须用规定的密封容器存放,并准确保证易于识别,严禁使用矿泉水瓶盛放任何物品。

③在工作现场使用明火作业,需报生产经理批准并在必要的安全防护措施。

④不要在易燃易爆物品的存放场所使用易产生电火花的电器,如手机、焊接机和电磨机等。

⑤生产车间布置的消防设施如灭火器、消防栓应随时检查,并学习和掌握其使用方法和适用范围;任何人员不得在未发生火灾时任意开封、调整存放位置等。

⑥易燃易爆危险品存放应专门规划远离电源箱、机器设备的区域,并指定专人负责检查和管理。

⑦严禁任何人员使用天腊水清洗车间地面和机器设备。

5.8.5　PC 构件生产安全事故原因分析及调查处理

职工在施工劳动过程中从事本岗位劳动,或虽不在本岗位劳动,但由于施工设备和设施不安全、劳动条件和作业环境不良、管理不善,以及领导指派在外从事本企业活动,所发生的人身伤害(即轻伤、重伤、死亡)和急性中毒事故都属于伤亡事故。

1)伤亡事故等级

根据国务院《企业职工伤亡事故报告和处理规定》和《企业职工伤亡事故分类》的规定,职工在劳动过程中发生的人身伤害、急性中毒伤亡事故具体分类见表 5.5。

表 5.5　伤亡事故等级分类

事故类别	说　明
轻伤	损失工作日 1~105 个工作日的失能伤害
重伤	损失工作日等于或超过 105 个工作日的失能伤害
死亡	损失工作日 6 000 工日
重大死亡事故	一级重大事故:死亡 30 人以上或直接经济损失 300 万元以上 二级重大事故:死亡 10~29 人或直接经济损失 100 万~300 万元 三级重大事故:死亡 3~9 人;重伤 20 人以上或直接经济损失 30 万~100 万元 四级重大事故:死亡 2 人以下;重伤 3~19 人或直接经济损失 10 万~30 万元

注:损失工作日是指估价事故在劳动力方面造成的直接损失。某种伤害的损失工作日一经确定,即为标准值,与受伤害者的实际休息日无关。

2)事故原因

事故原因有直接原因、间接原因和基础原因,其具体表现见表 5.6。

表 5.6　事故原因

种类			内　容
直接原因	人的原因		最接近发生事故的时刻以及直接导致事故发生的原因
			人的不安全行为
		身体缺陷	如疾病、精神问题、对自然条件和环境过敏、应变能力差等
		错误行为	如嗜酒、吸毒、逞强、戏耍、嬉笑、追逐无意相碰、意外滑倒、误入危险区域等
		违纪违章	如粗心大意、不履行安全措施、任意使用规定外的机械装置、不按规定使用防护用品用具、玩忽职守、有意违章、只顾自己而不顾他人等
	环境和物的原因		环境和物的不安全状态
		设备、装置、物品的缺陷	如技术性能降低、强度不够、结构不良、磨损、老化、失灵、霉烂、物理和化学性能达不到要求等
		作业场所的缺陷	如狭窄、立体交叉作业、多工种密集作业、通道不宽敞、机械拥挤、多单位同时施工等
		有危险源(物质和环境)	化学方面如氧化、自然、易燃、毒性、腐蚀、致癌等 机械方面如重物、振动、位移、冲撞、落物、尖角、旋转等 电气方面如漏电、短路、超负荷、过热、爆炸、绝缘不良、无接地接零、反接、高压带电作业等 环境方面如辐射、雷电、风暴、骤雨、浓雾、洪水、地震、山崩、海啸、泥石流、强磁场、粉尘、烟雾、高压气体、火源等

续表

种类			内容
间接原因	管理原因		使直接原因得以产生和存在的原因
			管理缺陷
		目标与规划方面	目标不清、计划不周、方法不当、安排不细、要求不具体、分工不落实、时间不明确、信息不畅通等
		责任制方面	责权利结合不好、责任不分明、责任制有空当、相互关系不严密、缺少考核办法、考核不严格、奖罚不严等
		管理机构方面	机构设置不当、人浮于事或缺员、管理人员质量不高、岗位责任不具体、业务部门之间缺乏有机联系等
		教育培训方面	无安全教育规划、未建立安全教育制度、只教育而无考核、考核考试不严格、教育方法单调、日常教育抓得不紧、安全技术知识缺乏等
		技术管理方面	建筑物、结构物、机械设备、仪器仪表的设计、选材、布置、安装、维护、检修有缺陷;工艺流程和操作方法不当;安全技术操作规程不健全;安全防护措施不落实;检测、试验、化验有缺陷;防护用品质量欠佳;安全技术措施费用不落实等
		安全检查方面	检查不及时;检查出的问题未及时处理;检查不严、不细;安全自检坚持得不够好;检查的标准不清;检查中发现的隐患没立即消除;有漏查漏检现象等
		其他方面	指令有误、指挥失灵、联络欠佳、手续不清、基础工作不牢、分析研究不够、报告不详、确认有误、处理不当等
基础原因			造成间接原因的因素 包括经济、文化、社会历史、法律、民族习惯等社会因素

3）伤亡事故的调查处理程序

发生伤亡事故后,负伤人员或最先发现事故的人应立即报告领导。企业对受伤人员歇工满一个工作日以上的事故,应填写伤亡事故登记表并及时上报。

企业发生重伤和重大伤亡事故,必须立即将事故概况(包括伤亡人数、发生事故的时间、地点、原因)等,用快速方法分别报告企业主管部门、行业安全管理部门和当地公安部门、人民检察院。发生重大伤亡事故,各有关部门接到报告后应立即转报各自的上级主管部门。

对事故的调查处理,必须坚持"事故原因不清不放过,事故责任者和群众没有受到教育不放过,没有防范措施不放过"的"三不放过"原则,事故的调查处理程序见表5.7。

表 5.7　伤亡事故调查处理程序

程序	内容
抢救伤员保护现场	事故发生后,负伤人员或最先发现事故的人应立即报告有关领导,并逐级上报,单位领导接到事故报告后,应立即赶赴现场组织抢救,防止事故蔓延扩大 现场人员应有组织,服从指挥,首先抢救伤员,排除险情 保护好事故现场,防止人为或自然因素破坏,在须移动现场物品时,应做好标识
组织调查组	在组织抢救的同时,应迅速组织调查组开展调查工作,与发生事故有关直接利害关系的人员不得参加调查组

程　序	内　容
现场勘察	现场勘查必须及时、全面、准确、客观,其主要内容有: 现场调查笔录 事故发生的时间,具体地点,自然环境、气象、污染、噪声、辐射等 现场勘察人员姓名、单位、职务和现场勘察的起止时间和勘察过程 事故受伤害人数、受伤人员情况、伤害部位、性质、程度、事故类别 导致伤亡事故发生的原因 设备损坏或异常情况及事故前后的位置、破坏情况、状态、程度 安全技术措施计划的编制、执行情况,安全管理各项制度执行情况 现场拍照:反映事故现场在周围环境中的位置、事故现场各部分之间的联系、事故现场中心情况,能提示事故直接原因的痕迹物、致害物,能反映伤亡者主要受伤和造成死亡伤害的部位 现场绘图:根据事故类别和规模以及调查工作的需要现场绘制示意图 平面图、剖面图;事故时现场人员位置及活动图;破坏物立体图或展开图;涉及范围图;设备或工、器具构造简图
分析事故原因	按《企业职工伤亡事故分类》(GB 6441—1986)标准附录 A,受伤部位、受伤性质、起因物、致害物、伤害方法、不安全状态和不安全行为等 7 项内容进行分析,确定事故的直接原因和间接原因 根据调查所确认的事实,从直接原因入手,深入查出间接原因,分析确定事故的直接责任者和领导责任者,并根据其在事故发生过程中的作用确定主要责任者
事故责任分析	根据调查掌握的事实,按有关人员职责、分工、工作态度和在事故中的作用追究其应负责任 按照生产技术因素和组织管理因素,追究最初造成事故隐患的责任 按照技术规定的性质、技术难度、明确程度,追究属于明显违反技术规定的责任 根据其情节轻重和损失大小,分清责任、主要责任、其次责任、重要责任、一般责任、领导责任等 对已发现的重大事故隐患,未及时解决而造成的事故,由主管领导或贻误部门领导负责
事故责任处理	对发生伤亡事故后,有下列行为者要给予从严处理: 发生伤亡事故后,隐瞒不报、虚报、拖报的 发生伤亡事故后,不积极组织抢救或抢救不力而造成更大伤亡的 发生伤亡事故后,不认真采取防范措施,致使同类事故重复发生的 发生伤亡事故后,滥用职权,擅自处理事故或袒护、包庇事故责任者的有关人员 事故调查中,隐瞒真相,弄虚作假,嫁祸于人的 根据事故后果和认识态度,按规定提出对责任者以经济处罚、行政处分或追究刑事责任等处理意见
制订预防措施	根据事故原因分析,制订防止类似事故再次发生的预防措施 分析事故责任,使责任者、领导者、职工群众吸取教训,改进工作,加强安全意识 对重大未遂事故也应按上述要求查找原因、严肃处理
撰写调查报告	调查报告应包括事故发生的经过、原因、责任分析和处理意见以及本事故的教训和改进工作的建议等内容 调查报告须经调查组全体成员签字后报批 调查组内部存在分歧时,持不同意见者可保留意见,在签字时加以说明
事故审理和结案	事故处理结论,经有关机关审批后,即可结案 伤亡事故处理工作应当在 90 d 结案,特殊情况不得超过 180 d 事故案件的审批权限应同企业的隶属关系及人事管理权限一致 事故调查处理的文件、图纸、照片、资料等记录应完整并长期保存

续表

程　序	内　容
员工伤亡 事故记录	员工伤亡事故登记记录主要有： 　员工重伤、死亡事故调查报告书；现场勘察记录、图纸、照片等资料；物证、人证调查材料；技术鉴定和试验报告；医疗部门对伤亡者的诊断结论及影印件；事故调查组人员的姓名、职务，并应逐个签字；企业及其主管部门对事故的结案报告；受处理人员的检查材料；有关部门对事故的结案批复等
工伤事故 统计说明	员工负伤后一个月内死亡，应作为死亡事故填报或补报，超过者不作死亡事故统计 　员工在生产工作岗位干私活或打闹造成伤亡事故，不作工伤统计 　企业车辆执行生产运输任务（包括本企业职工乘坐企业车辆）行驶在场外公路上发生的伤亡事故，一律由交通部门统计 　企业发生火灾、爆炸、翻车、沉船、倒塌、中毒等事故造成旅客、居民、行人伤亡，均不作职工伤亡统计 　停薪留职的职工到外单位工作发生伤亡事故由外单位统计

4）安全事故原因分析方法

安全事故的分析方法很多，主要有事件树分析法、故障树分析法、因果分析图法、排列图法等。这些方法既可用于事前预防，又可用于事后分析。

（1）事件树分析法

事件树分析法（ETA），又称决策树法。它是从起因事件出发，依照事件发展的各种可能情况进行分析，既可运用概率进行定量分析，也可进行定性分析。

（2）故障树分析法

故障树分析法（FTA），又称事故逻辑框图分析法。它与事件树分析法相反，是从事故开始，按生产工艺流程及因果关系，逆时序地进行分析，最后找出事故的起因。这种方法也可进行定性或定量分析，能揭示事故起因和发生的各种潜在因素，便于对事故发生进行系统预测和控制。

故障树分析常用符号见表5.8。

表5.8　故障树分析常用符号

种　类	名　称	符　号	说　明	表达式
逻辑门	与门		表示输入事件 B_1，B_2 同时发生时，输出事件 A 才会发生	$A = B_1 \cdot B_2$
	或门		表示输入事件 B_1 或 B_2 任何一个事件发生，A 就发生	$A = B_1 + B_2$
	条件 与门		表示 B_1，B_2 同时发生并满足该门条件时，A 才会发生	
	条件 或门		表示 B_1 或 B_2 任一事件发生并满足该门条件时，A 才会发生	
事件	矩形		表示顶上事件或中间事件	
	圆形		表示基本事件，即发生事故的基本原因	
	屋形		表示正常事件，即非缺陷事件，是系统正常状态下存在的正常事件	
	菱形		表示信息不充分、不能进行分析或没有必要进行分析的省略事件	

（3）因果分析图法

机器工具伤害事故因素分析图如图 5.3 所示。

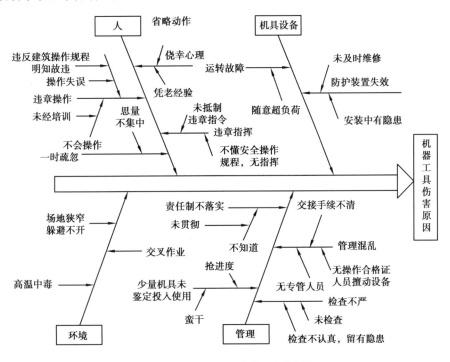

图 5.3 机器工具伤害事故因素分析图

制造企业生产过程执行管理系统(Manufacturing Execution System, MES),是一套整体的面向制造企业车间执行层生产信息化管理的解决方案。装配式建筑生产基地在进行构件生产时,可以通过 BIM 模型信息建立构件的生产信息,在工程总承包管理目标要求下,工厂 MES 系统结合 BIM 信息,生成构件排产计划。MES 可以提供包括计划排产管理、生产过程工序与进度控制、生产数据采集集成分析与管理、模具工具工装管理、设备运维管理、物料管理、采购管理、质量管理、成本管理、成品库存管理、物流管理、条形码管理,人力资源管理(管理人员、产业工人、专业分包)等模块,打造一个精细化、实时、可靠、全面、可行的加工协同技术信息管理平台。

6.1 PC-MES 系统

美国先进制造研究机构(Advanced Manufacturing Research, AMR)将 MES 定义为"位于上层的计划管理系统与底层的工业控制之间的面向车间层的管理信息系统",如图 6.1 所示。MES 系统通常集成了生产调度、质量控制、产品跟踪、设备故障分析、网络报表等管理功能,可以为生产部门、质检部门、工艺部门、物流部门等提供准确的生产数据。工业 4.0 背景下的 MES 系统建设方式与传统方式不同,必须开放标准接口进行信息系统与信息系统之间、信息系统与控制系统及设备之间的信息交互,强调纵向集成、横向集成以及端到端的集成。

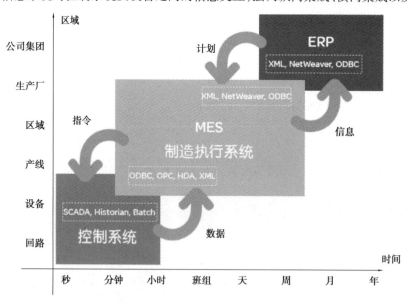

图 6.1 MES 系统在工业信息化架构层级中的定位

MES 需要从现场控制系统获取各类生产数据并对这些数据进行处理,然后上报给 ERP 系统;MES 系统从 ERP 系统获取生产计划,进行相应的资源调度后再将生产指令下发给控制系统,从而形成整个生产过程的闭环管理。PC 部品部件智能产线车间 MES 系统的实施,将实现以下目标:

1)生产状态可视化

及时、准确采集生产现场过程数据,包括物料消耗、批次、设备状态、质量数据、班组人员信息等。从生产、设备、质量、人员多个角度建立反映工厂生产状况的可视化综合评价体系,通过对数据的统计、分析,及时发现生产中存在的问题。

2）生产过程可追溯

从生产计划的下发到生产任务的完成,从原料投放到成品入库,在业务流和物料流两个维度建立全面可追溯的生产管控体系,包括对生产事件及操作过程的追溯和对物料及质量数据的追溯,追溯体系的建立将极大地推动现场操作和生产管控水平的提升。

3）生产管理持续改善

规范生产作业流程,使现场操作人员能够准确地执行生产指令,管理人员能够及时地了解现场生产状况,最终实现生产管理的持续改善。为生产决策提供数据支撑,提高生产效率,推动管理目标持续改善以及精益化生产的实现。

6.2   PC-MES 系统的架构

6.2.1   PC-MES 系统软件框架模型

PC 智能产线 MES 系统理论上需要打通设备层、控制层、业务管理层和经营管理层 4 个层级,才能在真正意义上实现精益建造、持续改善、节能高效的目标。设备层一般多由单体硬件组成,智能产线需要安装 RFID 和二维码芯片的设备才能实现设备和系统互联互通。控制层承担与设备层精准对接,需要对设备层相关数据收集、整合,是实现产线智能化的基础。业务管理层通过集成产制造执行系统(MES)、质量信息管理系统(QMS)等多个系统,推动 PC 智能产线管理一体化应用。经营管理层统筹生产、经营全过程,通过 ERP、BIM 等系统集成,指导处于业务管理层的 PCMES 系统精益化生产,4 个层级相互支撑,协同发展,如图 6.2 所示。

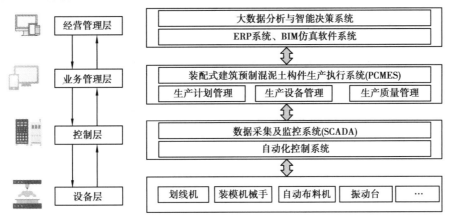

图 6.2   PC 智能产线 MES 系统软件框架模型

6.2.2   PC-MES 系统硬件架构设计

根据 PC 构件生产企业规模、资金投入、产能需求等实际需求决定硬件的投入。以某 PC 智能产线为例,硬件架构设计如图 6.3 所示。其中,机房部署 1 台 MES 应用服务器,用于 MES 核心功能应用的相关业务处理和数据存储;车间配置 8 套 MES 终端(MES 终端包括 PC 机、扫描枪以及操作台)、1 块触控式看板、2 台 PDA、标签打印机 1 台,用于各工序的生产数据采集和业务操作,包括生产计划查询、工单执行、上料信息记录、设备故障原因录入、数据统计分析、历史信息查询等。

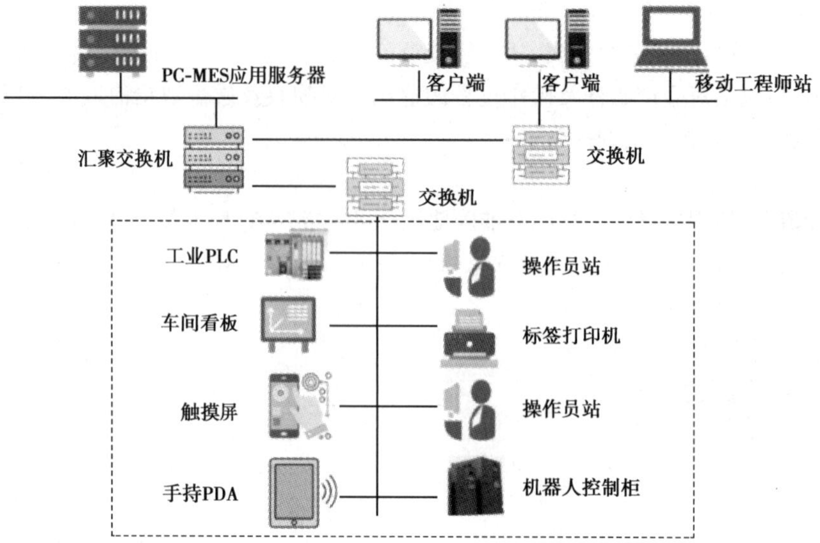

图 6.3　PC 智能产线 MES 系统硬件架构示意图

6.3　PC-MES **系统的功能**

PC 智能产线车间 MES 系统需要打通设计—生产—施工环节,主要包括生产信息、质检信息、堆场信息、设备信息等。通过精确计算并在相应的时间点下达生产任务。系统对接各类设备、其他相关系统,通过 MES 系统达到自动化生产的目的。系统功能设计见表6.1。

表 6.1　PC 智能产线车间 MES 系统功能设计

功能模块	功能设计
生产计划管理	生产订单导入、生产调度管理、生产订单下发、生产订单查询
制造过程管理	作业调整、上料追溯、生产执行报工、物料条码管理、返工返修管理、报废管理
工艺管理	产品工艺路线、工序管理、产品 BOM 信息
生产设备管理	设备台账管理、设备基础数据管理、设备点检记录管理、设备保养记录管理、设备故障维修记录管理、设备 OEE 管理
制造全生命周期追溯	计划及工单追溯、制造过程追溯
看板、统计管理	车间看板、生产综合统计
堆场管理	构件自动查找、码放
生产质量管理	质量基础数据定义、IPQC 质量管理、统计过程 SPC、质量缺陷管理
集成接口管理	BIM\ERP 系统集成
系统管理	组织机构、工厂建模、系统权限管理、数据备份管理

6.3.1　生产计划管理

生产计划管理是企业管理的重要组成部分,是指引企业整个生产活动的纲领,良好的客户满意度及产品质量直接关系到企业经营的成败。通过全过程生产执行信息采集以及多维度的项目看板,使企业领导、生产主管、生产计划、生产调度人员等能够实时了解在制品状态以及加工进度,迅速掌握生产任务执行状况,进而帮助企业制订更长期、更准确、更优化的生产计划,指导企业生产准备,合理利用生产资源,缩短产品生产周期。MES 在生产计划管理中的作用主要体现在下述方面。

①全面管理企业制造订单的整个生产流程。

②通过不同项目看板了解每份订单、每个零件、每道工序、每组工位的任务状态、计划节点、实际完成节点、报废数量、投入数量、产出数量等实时信息。

③通过直观的图形化表现，以及颜色提醒，使得企业各级领导、生产主管、调度等都能实时、便捷地掌握生产任务执行状况。

1）生产订单导入

装配建筑通常将设计信息导入中央控制室，通过明确构件信息表（项目信息、构件型号、数量等）、项目现场吊装计划（吊装时间、吊装顺序）、产量排产负荷，进一步确定不同构件的模具套数（梁柱宽度/高度/长度、主筋出筋形式、预留筋出筋形式；墙板宽度/高度/厚度、边模上下及左右形式、开窗/开口形式、模具固定方式），物料进场排产（a.混凝土：水泥、砂、石、外加剂、用水；b.棒材钢筋、圆盘钢筋，预埋套筒；c.用于吊装吊钩及临时支撑所需的套管预埋件；d.预埋管线；e.保温板；f.拉结件；g.门、窗及其配件），人力及产业工人配置，生产日期等信息。

2）生产调度管理

在生产过程中，生产车间常常会因突发情况需要对生产计划进行调整。所以 MES 需要支持用户根据实际生产情况调整日生产计划，包括新增、编辑、删除、查看。

根据系统模型数据信息及排产计划，细化每天所需不同构件生产量，混凝土浇筑量，钢筋加工量，物料供应量，工人班组，同一模台不同构件的优化布置，依据构件吊装顺序排布构件生产计划，任一时期不同构件产量均需大于现场装配量。对于针对该订单产品/半成品的设计变更、工艺变化、物料变化等，计划员可以通过调整任务单产品的制造基础信息实现对日生产计划的人工手动干预调整，MES 系统通过追溯生产计划在车间的生产情况，将生产计划标注为"已完成""未开始""生产中"3 种状态，人工只能干预"未开始"和"生产中"两种状态的生产计划。

针对 ERP 中紧急插单的生产订单，进入 MES 系统后，处理方案同样是通过计划调整功能进行实现，以保证生产的有序性。MES 系统可以根据企业实际情况，人为地进行计划变更，可以重新调整日生产计划。MES 提供对日生产计划的如下操作：

①计划暂停，若计划暂停了工位上 PDA 扫描到的所有该计划下的流转卡系统都会提示计划暂停并禁止作业。

②计划恢复，恢复暂停的计划。

③计划强制完成，对于不足量的计划强制完成。强制完成后的计划现场不可再作业。

④计划取消，取消当前作业计划。

3）生产订单下发

根据生产计划拆分的日生产计划工单，其状态为排产状态。通过调度确认后，日生产计划的状态改为发布状态，生产班组和生产管理人员可根据现场生产情况，将当日的生产计划分解成工单，相关人员可以在系统中查询相关计划和工单的详细信息，如图 6.4 所示。

图 6.4　工单下达

工单信息是指导车间进行生产的主要依据,班组根据排定好的工单即可安排组织生产。

工单是整个 MES 系统中非常重要的组成部分,通过对工单的执行,它能够收集所有相关的生产、质量、设备、人工、物料消耗等数据,因此工单也是数据追溯的线索。

4)生产订单查询

在系统中,根据生产订单号来追溯该生产订单号所有工单的执行情况,追溯的信息主要包括工单号、计划开始时间、计划完成时间、订单优先级、生产线、工单数量、完工数量、进度、工单状态、加工面、是否车间成品、工单开始人、工单开始时间、工单完工人、工单完工时间,如图 6.5 所示。

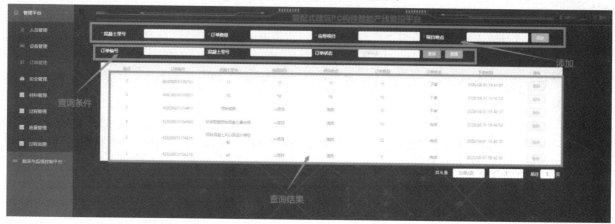

图 6.5　生产订单查询图

6.3.2　制造过程管理

MES 系统工单经过排产发布后,已经确定何时,在哪个工序的哪个线上加工。MES 系统指导物料员、库管员及时拣料、备料和上料,同时协调生产人员,对设备调试,指导打印员打印产品条码准备生产。并通过工单及文档管理系统中的作业指导生产进行。

在生产过程中,以条码、RFID 为主,MES 系统实时采集生产制造过程中的信息数据,在采集的同时,将信息、工单和工艺路径等信息进行相互验证,起到物料防工序工艺防错防漏的作用,同时也将信息实时反馈到系统的各看板和统计报表中,使管理者在第一时间掌握车间的情况。MES 系统制造过程管理的流程通常如下所述。

1)工单单板、部品条码打印

根据加工的工单及批量信息,选择条码生成规则,为每一块部品部件生成唯一条码信息并打印,并记录这些条码与工单的关系。在后续过程中,需要在对每一块单板或部品条码扫描时,校验工单与条码的对应关系,防止生产加工过程中的错误。

2)备料上料

工单在工序生产所需的原料经库房管理系统拣料并领出后,根据指令为装配式建筑产线设备准备各物料,并进行上料操作。上料时,系统自动进行指引、校验,防止上错物料。订单上料必须检验原料的环保信息。

3)其他工序上料

由于设备的特殊性,需要经过多个步骤的操作。而在其他工序,操作员扫描物料根据系统提示确定是否为当前需要加工的物料,然后扫描工位,系统验证合法性,物料与工位是否匹配。

4)制造过程采集与控制

系统在各个工序的生产及检验采集点分别采集质量检测信息、维修记录信息以及各工序生产完工信息。根据工单的加工工序及设置的参数,要求工单在加工过程中严格按照规程进行加工。在加工的过程中,系统指引各工序的工序防呆:校核工序路线是否正确、上工序是否加工完成、产品是否合格。对不合格的产品,系统会及时提示用户并指引到正确的工序。通过在各工序采集到的信息,得到相关统计报表。系统提供了多种数据采集方式:人工录入、扫描条形码、批量文件导入、与工控设备接口获取、与其他生产/检验系统接口获取等多种采集方式,如图 6.6 所示。

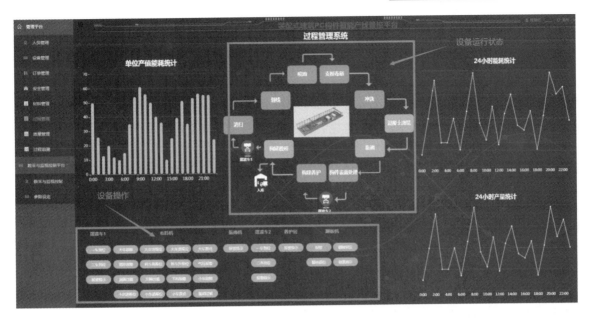

图 6.6　制造过程数据采集与监控平台

5）在线维修

产品维修有两种情况,在线维修和批量返修。在线维修由制程控制(Input Process Quality Control,IPQC)指引,批量维修则根据批量返修工单进行。产品维修功能主要对维修过程中的故障类型、故障原因、涉及器件、涉及人员以及维修状态信息进行记录。当 IPQC 检查到产品有质量问题并进行记录时,该产品将不能再继续到下一工序加工,必须先要进行维修。

6）产品报废

对因无法维修等需要进行报废处理的产品,在系统中登记报废产品的条码、原因,同时从系统中提取相关的信息进行归档,以便分析和查阅。

7）工单管控

在生产环境中,各种可变的因素都可能导致生产暂停,因此需要对工单进行控制。MES 系统工单控制主要有下述工作。

①工单挂起和恢复。

②工单删除。

③工单更改。

在生产过程中出现意外时将工单置为挂起状态,暂停执行工单的挂起有以下多种情况:

①首检不合格经人员确认后将工单挂起。

②生产线上设备发生异常生产不能继续产品。

③其他行政性因素。

工单挂起后当条件发生变化需要继续生产时可将工单的状态重置为生产。

8）作业指导书查阅

在制造过程中的各环节,可随时在系统中调阅 MES 文档管理子系统提供的工单、当前工序的作业指导书和相关的产品资料,这样可以保证制造和资料版本的正确性。

9）制造过程相关看板

系统提供了在制造的各个环节随时监控制造过程中的生产、生产质量、设备运行、物料消耗等情况相关的看板,以让管理者随时了解现场的状况。

6.3.3　生产质量管理

MES 生产质量管理是对生产制造过程中获得的测量值进行实时分析,以保证产品质量得到良好控制,质量问题得到确切关注。该功能还可针对质量问题推荐相关纠正措施,包括对症状、行为和结果进行关联以确定问题原因。质量管理还包括对统计过程控制(SPC)和统计质量控制(SQC)的跟踪。MES 质量管理系统主要由检验、分析、控制 3 个环节组成。

1)质量基础数据定义

在 MES 系统中,质量检测的主要目的有两个,一是对产品进行质量管控,二是分析产生不良品的原因,提高良品率。基于这个两个目标,做质量管控,首先需要完善的工作就是对质量的基础数据进行定义和管理。

通过建立产品制造流程中的检验工序、检验项目、检验标准,可以依照国标及行业标准建立质量检验抽样标准实现对质量全检、抽检的标准化管理,这样系统能够指导用户记录或自动筛选出需要管控的质量数据,并在超出规格时能够及时反馈或协助用户的判断和处理,同时收集过程质量数据以便统计分析,统计分析的结果能够对企业质量管理标准化给出数据支持。同时将质量检验基础数据分为两部分,一是检测位置的管理,二是常用缺陷及其代码管理。前者用于管理质量检测的位置,它的作用是准确定位检测到缺陷的位置及相关人员。后者用于管理缺陷,通过分析缺陷代码,以报表的形式来分析缺陷产生的位置,人员,时间,以及某时间范围内的走势等。

MES 系统工艺目标设置中,可以标记作业过程中的首件需要额外收集的工艺目标属性,作业过程中需要先判断作业的批次是否首件,只有首件的批次才需要收集标记为首件的工艺目标属性值。如果设置了首件需要检测,操作人员如若不在生产现场 MES 系统生产报工界面上填写首件检测数据,则无法进行生产报工,系统会自动暂停生产作业。如果首件测试数据超过工艺目标设置中首检属性值设定范围,系统也会自动暂停生产作业。

①检测位置管理。在进行工厂模型创建时,根据装配式建筑构件生产的工艺路线,创建一系列的质量检测点,质量员工可以登录到该质量检测点,对录入产品的质量问题。具体流程如图 6.7 所示。

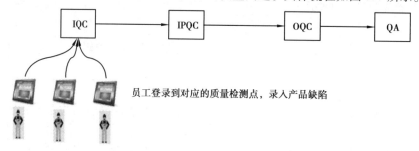

图 6.7   质量检测位置管理

②质量代码基础数据管理。根据工艺路线,对各个工序创建产品所关注的质量参数代码,每一条质量参数代码对应一个类型的质量参数,即包括参数名称、描述、参数数据类型,上限值、下限值等。在装配式建筑混凝土构件中,由于混凝土材料的特点,构件不是按设计型号管理,而是按生产批次管理,构件质量最终是否可以脱模、出厂及最终合格,必须有相应批次的实验数据作为依据。因此需要给每个构件植入一张 PCID,构件的实验数据匹配完全由系统自动进行,随时出数据,不会发生误差。

2)IPQC 质量管理

为了准确地反馈出产品质量,并且为质量分析提供数据源,所以需要收集产品生产过程中的质量问题和质量参数,并且存档便于查询和分析。

①手动获取产品质量数据:现场操作人员在进行工序报工时,在 MES 的 PC 端上输入各工序相关的质量参数,点击保存,MES 系统自动记录质量参数数据、记录人员、时间等信息,并且与工单绑定,实现产品质量的可追溯性。

②自动获取产品质量数据:现场操作人员在进行工序报工时,MES 通过接口的方式获取生产设备的工艺质量数据,并自动记录和规定这些质量数据,作为质量追溯的依据。

IPQC 质量管理为产品质量追溯提供全方位的、多维度的历史数据,可通过产成品反向查询该产品的历史加工工序、工序质量数据、记录时间等;也可以通过具体某个工序(设备),查询所有在该工序有加工记录产品的历史质量数据。装配式建筑产线设备都有自动控制功能,如划线机、布料机、蒸养窑,但由于没有一个系统能将信息自动传递给它们,这些功能大部分闲置,无法真正发挥作用。因此需要一个三方系统作为桥梁,通过系统将数据传递给相应设备,实现 CAM 计算机辅助制造。

3)统计过程 SPC

为了能直观地反映产品质量数据的趋势,以及便于分析导致数据异常的原因,所以需要对过程控制进行 SPC 分析。在 MES 系统中,选择需要做 SPC 分析的某个质量参数,通过设置该质量参数的抽样数、参数上限值、参数下限值等进行 SPC 的基础设置,然后将该 SPC 模板发布到某个工序或者设备下,当完成生产报工时,系统自动将收集的数据进行 SPC 点的生成。通过 SPC 点的时间戳便可以查看和浏览 SPC 趋势图。用户根据自定义查询条件,如线别、产品、起始时间、结束时间,查看 SPC 统计图,并可以将图表导出到本地 Excel。

4)质量缺陷管理

在 MES 系统的报工界面,提供对质量缺陷录入的界面。该录入界面通过预先设置质量缺陷模板,不同产品以及在不同的工序,可以定义不同的质量缺陷录入模板,使得系统能够充分地适应未来柔性生产的需求。

在系统中,质量缺陷也可以分为不同等级,质量人员可以根据质量管控体系要求,对各个质量缺陷进行相应设置。出现严格的质量缺陷时,系统在记录缺陷的同时,自动将产品加锁,加锁之后的产品不能继续在产线上生产,防止消耗产线产能,避免发生更多质量问题。

6.3.4　工艺管理

系统中对生产工艺图文和相关文件进行统一管理,系统中自定义工艺路线等,通过版本管理工艺路线等。根据产品建立对应工艺信息,关联流程等信息。对产品的关键物料进行系统管控,主要管控投入工序、数量、组装顺序等信息,当物料生产使用时如与设置的管控规则不符,系统进行提醒。

1)产品工艺路线

装配式建筑构件生产按照构件拆分设计方案,对剪力墙结构图体系的叠合板、内墙、外墙,框架结构体系的梁柱、叠合板和楼梯、阳台板等不同类型构件进行标准化归并,制订生产方案,控制产能进度,依据清洗、喷涂、画线、定位、钢筋笼安放及组模、安放预埋件、布料、振捣、杆平、预养、抹面、养护、成型、脱模、调运、清洗、修补、成品入库的构件生产工艺,制订工厂加工信息化应用技术如下:

①自动依据所识别的构件尺寸形状定位画线。

②部分边模自动安拆。

③深化钢筋模型自动识别、智能化加工生产,通过 BIM 模型中钢筋成品型号及数量的识别,钢筋加工设备自动识别深化钢筋模型信息进行加工生产。

④布料机依据构件型号、混凝土标号、料量需求,自动开启并精准控制布料位置和布料量。

⑤鱼雷罐(混凝土运输小车)运输轨迹及卸料点的自动优化选取,均衡各生产线用料需求,与布料机及混凝土下料自动联动。

⑥养护窑码垛机根据设定时间要求,记忆存储时间,自动识别存取相应构件;自动设定并调整控制养护温度及湿度。

⑦构件翻转起吊工位感应构件,自动翻转。

⑧生产工位移动远程控制调整。

⑨生产工位全过程信息采集。

⑩生产线全线系统联动控制。

MES 系统提供对产品工艺路线的定义、修改和版本控制功能,将多个工序分配到一个产品工艺路线之中。同时点击对应的生产工序,可以维护属于该产品的工序参数维护。

2)工序管理

MES 系统中提供工序的增加、编辑、删除和工艺参数维护的功能,如图 6.8 所示。当车间需要工艺变更时,在 MES 系统能够对工序进行相应的调整,并可以设置工序工艺段、顺序号和是否 MES 管控点。

增加
编辑
删除
工艺参数维护
工序ID
工序名称
工艺段
顺序号
是否MES管控点
创建人
创建时间

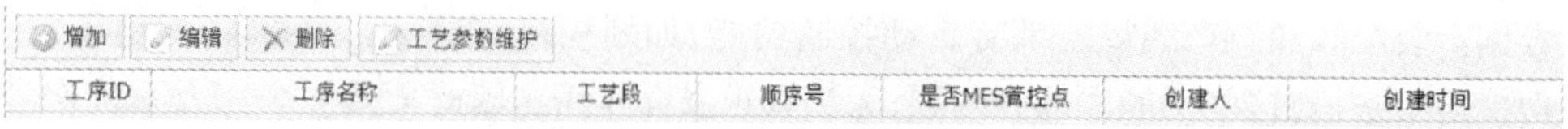

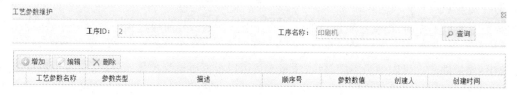

图 6.8　工序管理界面

装配式建筑构件生产常见的工序有清洗、喷涂、画线、定位、钢筋笼安放及组模、安放预埋件、布料、振捣、杆平、预养、抹面、养护、成型、脱模、调运、清洗、修补、成品入库。

在工艺管理界面，选择需要维护工艺的工序，点击工艺参数维护，系统弹出工艺参数维护界面，MES 提供对该工序的工艺参数的增加、编辑、删除功能，其中维护的数据包括工艺参数名称、参数类型、描述、顺序号、参数数值等，如图 6.9 所示。在工序的执行过程中，工艺参数和数值可作为生产人员的参考信息，同时也可以根据实时采集的工序设备数据，进行生产预警、报警。

工艺参数维护
工序ID：2
工序名称：印刷机
查询
增加
编辑
删除
工艺参数名称
参数类型
描述
顺序号
参数数值
创建人
创建时间

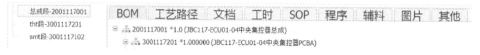

图 6.9　工艺参数维护界面

3）产品 BOM 信息

在产品参数界面，点击 BOM（物料清单）页面，可以查看该产品的 BOM 结构图。每个节点显示了原材料的代码和使用数量，以及其对应的名称，如图 6.10 所示。

总成段-2001117001
tht段-3001117201
smt段-3001117102
BOM
工艺路径
文档
工时
SOP
程序
辅料
图片
其他
2001117001 *1.0 (JBC117-ECU01-04中央集控器总成)
3001117201 *1.000000 (JBC117-ECU01-04中央集控器PCBA)

图 6.10　BOM 界面

6.3.5　生产设备管理

生产设备不仅是企业进行技术创新的物质基础，也是企业提高生产率，降低生产成本的关键。因此，设备管理在企业管理中显得越来越重要。制造企业设备管理特点及 MES 设备管理系统的基础功能通常如下所述。

1）设备的台账管理模块

设备台账包含两类信息，一类是设备自身所固有的信息，如设备编号、设备型号、设备名称、设备 E-BOM 等；另一类是随设备运行而产生的数据，如设备运行时间、设备维护时间、设备维修时间、设备点检记录等。能够根据设备唯一编码检索到该设备历史运行维护情况，支持进行设备电子文档的存储与调取，实现设备电子档案的建立。

2）设备维护管理模块

设备维护包括 3 部分，第一部分是设备点检，通过系统维护设备点检计划，使用现场终端执行设备点检，点检数据实时回传至服务端进行存储、分析、报警；第二部分是预防性维护，通过系统维护设备维护计划/规则，使用现场终端执行设备维护，设备维护数据实时回传至服务端，进行进度跟踪；第三部分是预见性维护，与设备数据采集模块进行对接获取设备运行数据，及时监控设备运行状态，进行异常诊断。

3）设备维修管理模块

MES 设备管理系统中维修管理模块分为 3 部分：第一部分为报修维修，可以移动端报修也可以 PC 端报修，包括设备扫码、语音报修、图片文字报修、外委修理流程、维修可支持智能派工；第二部分是故障管理，包括设备出现故障的时间、故障分析等报告录入、逾期未处理提醒等；第三部分就是设备维修记录，保留设备维修记录、维修记录查询，还能对设备的历史故障进行查询，并对设备故障率、利用率进行分析。

4）设备备件管理模块

设备备件管理模块主要是对备件进行计划、生产、订货、供应、储备的组织及管理，在 MES 设备管理系统中具有备件基本信息记录、信息管理、出入库管理、库存管理等功能，实现备件的科学化管控，合理利用库存空间。

5）设备状态监控管理模块

状态监控管理主要包括设备数据采集、数据处理以及设备运行状态信息，对不同的停机时间进行归类，实时参数转换成数字数量传输到 PC 机上用于监控；可以将采集到的设备状态信息生成电子报表进行实时展现，方便相关设备管理人员随时进行查询，分析设备的利用率及移动率，是否处于瓶颈状态，也可为现场提供设备目视化管控所需的数据，如图 6.11 所示。

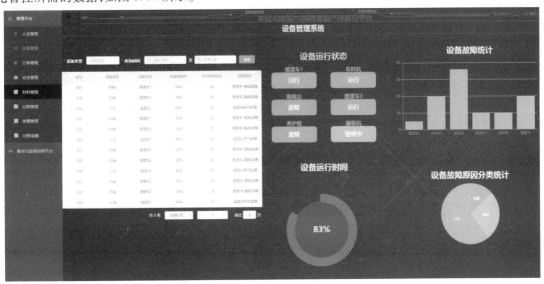

图 6.11　设备状态监控管理模块

6）设备 KPI 统计分析模块

根据设备运行数据进行科学的数据分析，输出多维度的分析报表、图表，直观地发现问题，及时对异常情况作出反馈，避免由此带来的浪费，提高设备管理水平，关键业绩指标包括 OEE（全面设备综合效率）、MTBF（平均无故障工作时间）、MTTR（平均修复时间）、设备停机时间、设备故障 TOP 等。

6.3.6　制造全生命周期追溯

生产过程全生命周期工业大数据应用平台通过将现有的 PLM 系统数据、CAPP、ERP、MES、精益拉动系统等数据进行了统一接入、统一存储、统一分析，发现了数据之间的关联关系，通过模型分析和算法预测，优化企业的供应链和生产工艺，提升产品良品率，优化生产流程，提升企业效率，创造更大的效益。基于制造执行系统的功能，以及生产跟踪模块对 MES 系统整体功能的作用，可以了解企业实现产品生产全过程跟踪的重要性。产品生产过程全生命跟踪的实质是随时获取物料的生产过程信息，获取生产信息的前提是对产品的制造过程进行跟踪和监控，并将生产信息收集存储后快速地传递给企业管理层与决策层。

1）计划及工单追溯

由于生产管理人员需要及时掌握生产现场订单的生产情况，并及时做出相应的调整。但是订单分布在车间的各个环节，如果生产管理人员依靠到生产现场调研获取数据，不仅工作量大，而且获取的信息不及时，更重要的是人始终比应用系统更容易出误差。所以 MES 系统需要及时反馈生产现场对生产计划的生产情况。通过不同的数据统计维度，查询人员可以获取到相应的日生产任务查询内容，如图 6.12 所示。

①按订单号查询单条订单：可以查询订单的状态（"完成""未完成""未上线"），以及订单的完成量。

②按条件查询多条订单：可选择时间跨度、产品类型、客户、设备等条件，查看已经完成多少订单，还有多少未完成等。

同时 MES 支持查询历史生产任务及执行状态，以生产订单为信息头，追溯生产订单的整个全生命周期，包括计划所属工单的执行详细记录、用料记录、人员操作记录、质量记录、设备记录等。

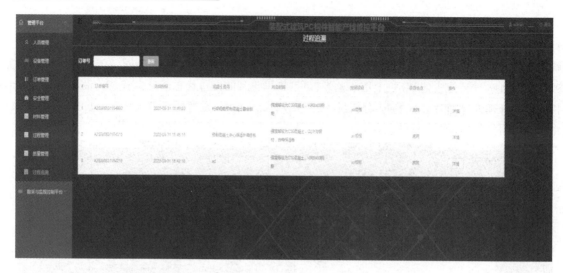

图 6.12　计划及工单追溯

2）制造过程追溯

制造过程追溯主要围绕订单来实现企业整个生产过程的监控和管理,从生产计划下达开始,生产过程控制就同时开始运行,对企业生产过程产生的主要参数进行监控,使得企业管理人员能够实时、准确地了解一线生产信息。通过对现场生产事件和物料消耗事件的跟踪和记录,不仅可实现从产成品到原材料的追溯和从原材料到产成品的追溯,同时也可以对设备、人员、工序、工艺参数,质量检验等多个要素进行追溯,实现对产品质量的全方位追溯,真正做到根据成品的生产批次追踪到该批次生产过程中使用的设备,经手的人员,检验的标准以及所使用的原料批次和供货商等信息。MES 以工单为线索,通过各种手段,收集相关的产出品从第一个工序到最后一个工序所有的制造过程信息,实现全方位的跟踪追溯谱系。生产跟踪与追溯的实现,建立在MES 主数据管理及完整的数据链路,如图 6.13 所示。

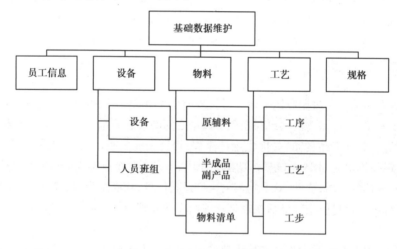

图 6.13　质量追溯的数据基础

作为 MES 系统的主要功能,生产过程跟踪不是仅对生产线上的产品产量进行统计,而是要获得全面、系统的生产数据,其中包括工艺信息、人员信息、设备信息、原材信息等。并且还要对这些信息进行深层次的分析和利用,才可以有效地解决 MES 系统局限性的问题。由于产品在生产过程中形态不断发生改变,信息也在不断地增加,这就要求人们要以动态的思想去进行生产跟踪,如图 6.14 所示。在企业生产制造过程和制品的加工过程中的工位信息、状态信息、质量数据以及生产过程相关的人员、设备等信息都是随时变化的,实时地掌握生产现场的动态生产状况,对产品进行生产跟踪,其目的在于通过有效的数据采集手段,实现对在制品的跟踪与管理,为 MES 系统提供及时准确的车间生产实时信息反馈。

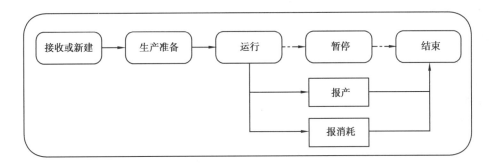

图 6.14   生产过程质量追溯

6.3.7   看板、统计管理

MES 看板通常包含 4 个部分:生产任务看板、各生产单位生产情况看板、质量看板和物料看板,其中生产任务看板包括生产任务号、班组、线体等元素。通过该看板,人们可以及时了解生产任务的投入、产出等情况;该看板也为生产的前期准备提供了信息,比如当天需要生产什么,生产的能耗等,如图 6.15 所示。在 MES 系统中,看板管理作为核心内容,其作用相当于联络神经,在工序之间、部门之间以及物流之间发挥着重要作用,是为了达到准时生产方式(JIT)控制现场生产流程的工具,如果缺少了看板的准时生产则企业无法正常运转,也就谈不上准时化生产管理了。

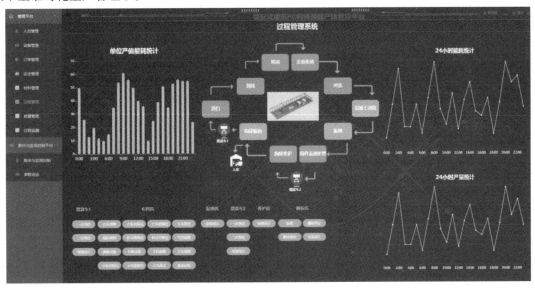

图 6.15   看板管理

1)看板管理八大作用

①传递作业指令和生产信息。

②保证现场的标准操作程序。

③看板随物流而动,使信息流融于物流之中。

④生产活动的信息反馈及时、高效,具有"自律"能力。

⑤可使生产中的许多问题暴露出来,促使企业不断改善。

⑥起到目视化管理的作用。

⑦是一种改善工具。

⑧可以降低成本。

2)看板管理四大机能

①生产以及运送工作指令。

②防止过量生产和过量运送。

③进行"目视管理"的工具。

④改善的工具。

3)看板管理的 3 种类型

看板管理的本质是在需要的时间,按需要的量对所需零部件发出生产指令的一种信息媒介体,总体上可分为在制品看板、领取看板和临时看板。

①在制品看板。

a.工序内看板。

b.信息看板。记载后续工序必须生产和定购的零件、组件的种类和数量。

②领取看板。

a.工序间看板。

b.对外订货看板。记载后续工序应向之前工序领取的零件、组件种类和数量。

③临时看板。主要是为了完成非计划内的生产或设备维护等任务,灵活性比较大。

6.4　MES 与其他系统集成方案

6.4.1　系统总线集成技术支持

MES 系统必须与 ERP、MES、CAPP、质量管理管理、人力资源管理、设备管理系统等管理信息系统以及底层自动化设备等做集成接口,使企业在相关系统中的基础数据和动态数据保持一致,避免数据的重复录入和不一致,数据充分共享。MES 系统与其他系统的数据传递主要有 3 种方式,一是通过数据缓存区进行数据交换,二是通过接口服务调用获取或推送数据,三是建立企业数据总线系统。3 种方式都很好地保障了系统的各自独立性和安全性,相较而言采用服务调用和数据总线的形式耦合度更低,但二次开发的工作量相对较大些。在大型复杂企业的应用实施中往往以企业数据总线的方式进行系统交互接口的集成整合,在中小型企业则通常采用 Web Service 技术进行信息交互服务。例如,ESB 企业服务总线就是一种在松散耦合的服务和应用之间标准的集成方式,就是在 SOA 架构中实现服务间智能化集成与管理的中介,如图 6.16 所示。

图 6.16　ESB 数据总线

6.4.2　MES 与常用系统的集成

1)MES 与 ERP 系统的集成

从生产计划的角度看,ERP 在生产计划的前端,MES 在生产计划的后端,MES 需要得到 ERP 生成的"粗"计划作为其计划的源头和基础;车间任务开工前,MES 需要根据现场任务的进度安排到 ERP 系统中领料;车间任务完成后,MES 需要将完工信息反馈给 ERP 进行入库登记,ERP 自动关联到相应订单并进行完工处理,从而实现计划的闭环控制管理。因此,车间工作订单信息、配套加工领料单信息、物料编码基本信息、物资库存质量信息、配套单据及配套结果信息等基础信息都存储在 ERP 中;车间领料信息、在制品信息、车间完工反馈信息等在生产车间的信息都存储在 MES 中。

ERP 系统与 MES 系统集成主要包括下述几部分的功能：

ERP 系统向 MES 系统提供车间生产任务数据,作为 MES 排产计划来源。

MES 系统向 ERP 系统提供限额领料需求,以实现系统自动领料。

ERP 系统向 MES 系统提供零件限额领料的详细信息,使车间及时了解生产准备情况。

通过 MES 系统向 ERP 系统提交完工入库信息,以实现系统自动入库。

ERP 系统接收 MES 系统提供的零部件完工信息后自动勾兑生产计划,使生产管理人员及时掌握车间任务进度。

2）MES 与 BIM 系统的集成

建筑信息模型(BIM)以三维数字技术为基础,集成了建筑工程项目各种相关信息的工程数据模型。现在建筑领域大力推广 BIM 应用,已有很多与装配式建筑相关的 BIM 系统可以直接应用于装配式建筑的设计及构件的深化设计,通过相应软件可以快速生成构件深化设计图及相应的 BOM 表。

3）MES 与 APS 的集成

高级排程系统(APS)通常被用来制订车间作业计划,是一套基于优化生产原理的生产排产软件。对于高级排程功能,最重要就是基础数据的准确以及有明确的业务管理需求。

4）MES 与质量管理系统的集成

质量管理系统是为生产提供质量标准,并进行质量标准及其相关内容的管理与质量检查,质量管理系统的精度是产品以及车间关键点的检查;而 MES 则是对车间生产的每个工位、工序进行质量的跟踪及管理,MES 质量管理的精度则是每个工位、工序的质量管理。

5）MES 与 CAPP、PDM 的集成

CAPP 中保存结构化工艺文件数据,PDM 用于工艺文件的管理和归档。三者之间的集成包括:CAPP 与 MES 之间通过集成实现工艺数据从 CAPP 向 MES 中的导入,同时在 CAPP 中实现工艺文件的自动查错;CAPP 与 PDM 之间的集成,实现工艺文件在 PDM 中的流程审批和归档管理,包括 CAPP 与 PDM 中产品结构树的统一、MES 与 PDM 中产品结构树的统一、CAPP 与 PDM 的审批流程统一。

6）MES 与设备管理系统的集成

设备管理系统存储设备的基础信息和各类计划信息。设备基础信息主要包括设备台账信息、设备操作、日检、保养、维修规程信息、设备技术精度信息等;计划信息主要包括各类保养计划、维修计划、润滑计划等。

MES 向设备管理系统提供的信息主要有作业实施信息、生产调度信息、设备状态信息和设备运行信息。通过对这些信息的统计分析,获取设备管理的决策信息,如设备故障频率、设备能力数据等。

7）MES 与人力资源管理系统的集成

人力资源管理系统存储车间人员的基础信息,包括人员信息、岗位信息、技能信息、技能等级、工作制度、人员成本、人员薪酬等。

MES 反馈给人力资源系统生产过程中产线人员的精细化考勤数据和排班数据,以便清晰地了解产线人员的工作状况和技能状况,并给统计分析企业的人员绩效提供基础信息。

8）MES 与 DNC 的集成

MES 负责生产作业计划,当车间生产调度将某道工序派往某台机床时,需要向 DNC 系统传送一个信息:该工序的零件号、工艺规程编号、工序号、设备号。DNC 接收了该信息后,需要根据零件号、工艺规程编号、工序号 3 个条件,在产品结构树下检索到该零件节点,并在该节点下根据工艺规程编号、工序号、设备号检索加工代码(按代码属性检索),检索到后将这些代码传送到 DNC 通信服务器相应的设备节点下。

DNC 与 MES 的集成实现了车间计划指令与机床的物理关联,同时机床的生产状态能及时反馈给 MES,为 MES 的工序加工计划提供可靠的依据。

6.5　系统管理

6.5.1　组织机构

MES 系统提供完善的组织架构管理功能,从公司到部门,再到工作组,都能够在系统中建立组织关系,并可以查看该组织下的具体员工信息,和权限信息,如图 6.17 所示。

图 6.17　MES 系统组织架构管理界面

6.5.2　工厂对象

系统软件平台必须提供自定义的工厂建模环境和工具,这样才能无缝地与工厂生产业务流程和设备层级结构进行对接,当业务流程和生产设备发生改变时系统能快速进行重新配置和发布。因此,MES 业务功能的实现首先离不开工厂模型的搭建,系统提供统一的开发环境以完成数据采集,实时监控和报警,订单执行,物料管理,设备和工艺参数管理,设备绩效,原料和过程质量检验取样等功能模型的搭建。系统通过面向对象设计的方式,对现实物理设备的功能进行抽象,形成企业特有的设备模板库,通过对模板的继承和实例化定制来满足同一类型设备不同个体间的差异,从而减少工厂模型搭建的工作量以及更为方便地向其他工厂进行移植。

6.5.3　系统权限管理

MES 系统平台作为所有功能应用的基础平台,其用户权限可与其他各组件共享,同时各组件单独使用也具备其独立的权限管理。

本项目根据需求应划分大致几类权限:系统管理员、工厂领导、各部门管理人员、车间主任、班组长、操作工、设备维护人员、质量检查员、工艺员、统计员、仓库管理员等。

参考文献

[1] 肖明和,苏洁.装配式建筑混凝土构件生产[M].北京:中国建筑工业出版社,2018.

[2] 钟振宇,甘静艳.装配式混凝土建筑施工[M].北京:科学出版社,2018.

[3] 陈卫平.装配式混凝土结构工程施工技术与管理[M].北京:中国电力出版社,2018.

[4] 李营.装配式混凝土建筑构件工艺设计与制作200问[M].北京:机械工业出版社,2018.

[5] 中建科技有限公司,中建装配式建筑设计研究院有限公司,中国建筑发展有限公司.装配式混凝土建筑施工技术[M],北京:中国建筑工业出版社,2017.

[6] 黄坚.自动控制原理及其应用[M].4版.北京:高等教育出版社,2014.

[7] 郭学明.装配式建筑概论[M].北京:机械工业出版社,2018.

[8] 李珂,钱嘉宏.北京市绿色建筑和装配式建筑适宜技术指南[M].北京:中国建材工业出版社,2020.

[9] 刘美霞.装配式建筑预制混凝土构件生产与管理[M].北京:北京理工大学出版社,2020.

[10] 高中.装配式混凝土建筑口袋书——构件制作[M].北京:机械工业出版社,2019.

[11] 胡卫波,王雄伟.装配式建筑全成本管理指南策划、设计、招采[M].北京:中国建筑工业出版社,2020.

[12] 彭振云,高毅,唐昭琳.MES基础与应用[M].北京:机械工业出版社,2019.

[13] 单丽刚.炼化企业MES管理与应用[M].北京:中国石化出版社,2021.

[14] 周冲.基于BIM-MES系统的装配式建筑设计——生产信息化管理技术[A]//中国建筑2016年技术交流会论文集.2016.

[15] 陈峰,任成传,卢造,等.ERP、MES系统在装配式建筑构件智能制造中的应用[J].混凝土世界,2018(1):38-41.

[16] 周冲,李宇,郑义等.智慧生产信息管理系统在装配式建筑中的应用[J].施工技术,2020,49(5):64-67,103.

[17] 李洁,江世堂,梅军鹏,等.基于BIM-RFID的装配式建筑构件施工精细化管理[J].施工技术,2020,49(24):11-14.

[18] 王彬.PC构件厂生产管理系统设计与实现[D].武汉:湖北工业大学,2020.

[19] 陈峰.装配式构件信息管理系统技术与实践[J].混凝土世界,2017,(2):80-83.

[20] 张迪,郭宁,李伟,等.预制建筑构件生产企业转型升级对策分析[J].混凝土世界,2016(12):90-93.

[21] 任成传,杨思忠,王爱兰,等.装配整体式混凝土剪力墙结构预制构件生产工艺研究[J].建筑技术,2015,46(3).208-211.

[22] 杨思忠,任成传,齐博磊,等.结构装饰保温一体化预制外墙板制造关键技术[J].施工技术,2015(4).102-106.

[23] 易明林.预制混凝土构件厂选址方法研究——以重庆市为例[D].重庆:重庆大学,2020.

[24] 王威.基于BIM和物联网技术的装配式构件协同管理方法研究[D].广州:广东工业大学,2018.

[25] 张磊.预制装配式混凝土建筑构件设计质量评价研究[D].重庆:重庆大学,2018.

[26] 何云峰,高君,谢其盛,等.新型装配式建筑PC构件模板设计研究[J].建筑技术开发,2020,41(13):19-20.